導讀｜注音｜注釋｜白話翻譯｜大字版

孫子

孫武——原著

周亨祥——譯注

五南圖書出版公司 印行

前言

周亨祥

孫子，名武，字長卿。中國古代偉大的軍事家。他不僅是二千年來中國歷史上威武雄壯的戰爭話劇的「幕後導演者」，而且成了當今世界許多大國、強國軍事家、政治家的「座上賓」。他的言論被廣泛地應用於軍事、政治、經濟各領域中，諸如美國這樣的軍事大國，其作戰綱要也引用孫子語錄作為信條❶。他不僅是中國婦孺皆知的兵家鼻祖，而且是世界最早的偉大軍事理論家。

孫武的生卒年月，已難確切考證。從司馬遷《史記·孫子吳起列傳》中「西破強楚，北威齊晉，顯名諸侯，孫子與有力焉」來看，孫子大顯身手的活動時期當在西元前五一二年至西元前四八二年。其時為社會大動盪的春秋末年，與生於西元前五五一年，卒於西元前四七九年的孔子為同時期人。據《新唐書·宰相世系表》十三下記載，孫武先祖為陳國貴族後裔。陳氏出自媯姓，為虞帝舜之後。夏禹封舜之子商均於虞城，三十二世孫遏父（亦作閼父）為周朝陶正（管理製陶業的大臣），其子即胡公，封之於陳，賜姓媯，奉舜祀。胡公九世孫厲公他生敬仲完，厲公他是殺其兄桓公鮑及太子免而自立的。後，桓公少子林令蔡人誘殺厲公，林又自立，是為莊公，其時，完不能立，為大夫。後逃奔齊，以國為姓，稱陳完，當時正值齊桓公執政，齊桓公擬聘陳完為卿，陳完辭讓，使為工正（《史記．田敬仲完世家》）。後食采邑於田，故又為田氏，稱田完，卒謚敬仲。敬仲完四世孫為桓子無宇。無宇二子，一為田恆，一為田書（《史記．田敬仲完世家》記為武子開與釐子乞）。田書（釐子乞）事齊景公，為大夫，因伐莒有功，景公賜姓孫氏，食采邑於樂安。田書子名憑，字起宗，齊卿；憑生武，字長卿。西元前五三二年，田氏聯合鮑氏，滅執政的舊貴族國惠子（一作惠欒、欒氏）、高昭子，就在這政治衝突的漩渦中，孫武殆為避難而出奔，到了南方的吳國。

據《吳越春秋．闔閭內傳》記載，孫武到吳國，便在都城姑蘇附近「避隱深居，世人莫知其能」。西元前五二二年，伍子胥為避難自楚奔吳，受到吳公子光的禮遇。他向公子光推薦了刺客專諸，後「退而耕於野」。大約就是這個時期，孫武與伍子胥相識並成為知心朋友。西元前五一四年，公子光使專諸刺殺吳王僚，自立為王，是為吳王闔閭。闔閭元年，即舉伍子胥為行人(外交大臣)。吳王闔閭欲爭霸諸侯，決心同實力強大的楚國作戰，但缺乏大智大勇的驍將，據《吳越春秋》稱，此時伍子胥七次向吳王舉薦孫子。西元前五一二年，孫子透過伍子胥，以兵法十三篇為見面禮，見到了吳王闔閭。

從西元前五三二年奔吳到西元前五一二年見吳王，孫武在吳深居達二十年之久，十三篇當是他二十年心血的結晶。由於有這二十年苦心孤詣的蓄積時期，因而在與吳王對話中，他言論恢宏豁達，精闢新穎，得到吳王賞識，被任命為將軍。面對強大的楚國，孫武採取擾楚、疲楚的方針，削弱其實力，然後「攻其無備，出其不意」(計篇)，從唐國、蔡國迂迴楚之側後，五戰入郢，完成「西破強楚」之功。西元前四八四年，吳軍在艾陵重創齊軍；西元前四八二年，黃池會盟，吳國取代了晉國的霸主地位。在這些衝突中，孫武建立了不可磨滅的功勳，可惜史書僅以寥寥十數字簡略敘出，無從詳索其迹。在吳「北威齊晉」時，已是闔閭之子夫差當政。夫差昏瞶，子胥被殺，而孫武後來則不知所終，此事至今仍為不解之謎。《越絕書》稱：「巫門外大冢，吳王客齊孫武冢也。去縣十里。善為兵法。」是真冢還是紀念性家，不得而知。

孫武所處的時代，正是我國封建制向郡縣制嬗變的時代，這是一個大動盪、大分化、大變革、大改組的時代，衝突錯綜複雜，戰爭連綿不斷。透過「臣弒君」、「子弒父」現象，我們看到，平民起義，新興地主階級向貴族的奪權與反奪權、貴族之間的相互傾軋、新興地主階級的相互吞併等各種衝突交織起來，演化為各種各樣連綿不斷的戰爭，在這些戰爭中，平民起義、新興地主階級的奪權，是社會矛盾衝突和戰爭的主導。以鐵器的使用和牛耕為標誌的新的生產力迅猛發展，猛烈地衝擊著封建制的社會制度，舊的社會制度已處於「禮崩樂壞」之中，《周禮》所規範的舊的軍事理論已不能適應新興地主階級奪權衝突的需要，諸如宋襄公那種「蠢豬式」的戰術思想已為子魚等新興地主階級軍事家所唾棄，新的戰爭理論在數百次頻繁的戰爭實踐中滋長，《孫子兵法》正是在這個時代的召喚下產生的。它是歷史發展的必然，是當時豐富的軍事實踐和理論發展的必然，正如恩格斯所說：「新的軍事科學是新的社會關係的必然產物」❷。

孫武何以能擔當這一偉大的歷史使命呢？我們可以從時代所造就的孫子的思想和他的活動領域來尋找答案的線索。

從孫子的官族中，我們看到，其先祖遏父曾為周之陶正，敬仲完為齊之工正，這個領域是社會生產力改進和發展的寒暑表。「春江水暖鴨先知」，長期活動於這個環境的家族，對社會生產力的發展最為敏感，對社會關係變動的體察較為敏銳、深刻。在齊國為卿的田氏家族就以不同的剝削方式對待民眾，釐子乞及後來的田成子竟用小斗進、大斗出的辦法爭取民心。這種爭取民心的思想對孫武是有影響的，在《孫子兵法．計篇》中，把「道」作為致勝的首要條件，充分強調「令民與上同意」的重要性，主張視卒為「嬰兒」、如「愛子」（地形篇）；在孫子佚文〈吳問〉中，孫子的思想觀點得到更充分的展示：當吳王問孫子，晉六將軍「孰先亡，孰固成」時，孫子作了精闢的分析。他認為畝小、稅重、兵多者先亡，稍者次之；而畝大、稅輕、兵少者「主斂臣收，以御富民」，可以「固國」。它體現了孫子不同於貴族階級的全新世界觀，體現了孫子關於經濟、政治、軍事之間關係的基本觀點。他主張減輕剝削，緩和階級矛盾，爭取民眾支持，從而能贏得政治上的勝利，贏得以對舊貴族奪權衝突為主的戰爭的勝利。他清楚地看到經濟制度決定民心，而民心的向背決定了政治、軍事的勝負。吳王闔閭三年，吳王問孫武可否入郢，孫子曰：「民勞，未可」（《史記．吳太伯世家》）。他注意從民力、民心上審時度勢，以新的思想觀點看待戰爭，分析戰爭，總結新的戰爭理論。

孫武出身於軍事世家，這是孫武研究兵法，總結軍事理論的又一得天獨厚的有利條件。孫武祖父嘗為將軍，伐莒有功；庶祖田穰苴亦為名將，「晉師聞之，為罷去；燕師聞之，渡水而解」（《史記．司馬穰苴列傳》），在戰爭頻仍的春秋末年，軍事理論已成為各國君主首要關注的問題，作為將門後代的孫武，自是更有條件研究戰爭。他有著較之其他家族更為充裕的軍事方面的書籍，現已亡佚而被孫子引用過的古兵書《軍政》、《兵法》及被孫子譽為「昔之善戰者」一類人的戰爭實踐材料及理論，對孫武創新兵法都起了重要的作用。作為軍事將領，若論「功業」，孫武比不上吳起、李廣、衛青、霍去病等歷代名將的建樹，但作為軍事理論家，孫武卻能雄視千古，獨享盛名。《孫子兵法》是我國春秋時期兵學理論的集大成著作，是我國第一部系統完整的軍事理論著作。正如明代茅元儀在《武備志．兵訣評》中所說：「前孫子者，孫子不遺；後孫子者，不能遺《孫子》。」

孫武的十三篇基本上是以權謀為經線，以戰爭的一般進程為緯線來組織的。換個角度也可以這樣說，孫武是以決定戰爭勝負的五個方面的要素為經線，以戰爭的一般進程為緯線來闡述戰爭權謀的。如此布局，使十三篇既為一有機整體，又能各自獨立成章。其博大精深的內容，可以分為下述幾個主要方面：

一、揭示了戰爭與政治、經濟的關係

戰爭是政治的繼續，戰爭是階級與階級、國家與國家、政治集團與政治集團之間矛盾不可調和的產物，是政治衝突的最高表現形式。二千多年前的孫子，雖不能像我們今天這樣認識戰爭，但已敏銳地感知到政治與戰爭的關係，雖未正面、直接地專章論述，但散見於十三篇的許多論述揭示了這方面的觀點。首先孫子認識到政治是決定戰爭勝負的重要條件，「修道而保法」便能「為勝敗之政」。這就是說，政治得民心，戰爭就得民心，就必然勝利。尤其值得注意的是，孫子在〈謀攻篇〉中提出「上兵伐謀，其次伐交，其次伐兵，其下攻城」的見解。這個見解就體現了孫子對戰爭與政治關係的認識，他認為只有政治衝突發展到「不得已」時才進行戰爭（「國之大事」，「非危不戰」），因而，凡能通過政治途徑去解決矛盾、去戰勝敵人的，應力求用政治途徑（伐謀、伐交）這個不流血的戰爭形式去解決，而不一定要訴諸武力。因而，他大聲疾呼：「主不可怒而興師，將不可慍而致戰」(火攻篇)。這就是說，孫子已向我們揭示：戰爭受政治制約，戰爭是政治的另一表現手段，也是最後的表現手段。

戰爭與經濟的關係，在〈作戰篇〉、〈用間篇〉有集中體現。孫子認為戰爭必須依賴國之財力、人力、物力，戰爭不能不首先注意到國家的經濟力。孫子說：「馳車千駟，革車千乘，帶甲十萬，千里饋糧，則內外之費，賓客之用，膠漆之材，車甲之奉，日費千金，然後十萬之師舉矣」(作戰篇)。在〈用間篇〉也有類似的記載。這就指明了經濟力是戰爭的保證和前提條件。其次，孫子還認為，戰爭必然引起財物緊張和物價高漲，「近於師者貴賣，貴賣則百姓財竭」(作戰篇)，為了解決支持戰爭所不斷需要的給養問題，他主張「因糧於敵」(作戰篇)，認為「掠於饒野，三軍足食」(九地篇)，「食敵一鍾，當吾二十鍾；萁秆一石，當吾二十石」(作戰篇)。認為這是克服後勤長途運輸之弊的最好辦法，也是保存本國經濟力，「勝敵而益強」的最好辦法。這些，構成了孫子軍事經濟思想的主體。

二、提出了爭「全」、主動、求「勢」的戰略思想

孫子所追求的戰略權謀的最高原則是爭全、主動、求勢，三者融為一體，其核心是求勢。這是孫子基本的戰略思想。

爭全，用孫子原話來說，即「必以全爭於天下」(謀攻篇)。大至「全國」、「全軍」，小至「全伍」，以敵全服、全殲為上，破而勝之為次，如能「不戰而屈人之兵」(謀攻篇)，收到「兵不頓而利可全」(謀攻篇)的效果，即為「善之善者也」(謀攻篇)。達到這個目的的基本途徑首先是伐謀、伐交，其次是伐兵。除伐謀伐交以外，伐兵亦要爭全，即力求全殲、全勝。在全局上伐兵的同時，也不放棄局部上伐謀，「不戰而屈人之兵」的努力。這是爭全思想的不可分割的又一面。

主動，即「致人而不致於人」，牢牢掌握戰爭主動權。孫子認為，不管處於怎樣的境地，戰略權謀的最高原則是力爭「致人而不致於人」，這才是「善戰者」。其方法是多方面的，如「先處戰地」；以利「使敵人自至」，以害「使敵人不得至」(虛實篇)；「勞之」、「飢之」、「動之」而拖垮敵人，奪取主動；攻其不守，「衝其虛也」，「攻其所必救」(虛實篇)，「奪其所愛」(九地篇)等，都是獲取戰略主動的好辦法，化被動為主動還有「形人而我無形」，「我專而敵分」(虛實篇)，設法使敵人處處防備我，從而造成敵「無所不備，無所不寡」(虛實篇)等。戰爭是瞬息萬變的，「兵無常勢，水無常形」（虛實篇），因而，爭奪主動權的問題一刻也不能放鬆，要做到「因敵變化」而「應形於無窮」（虛實篇）。

求勢，用孫子的話來說，戰爭應「求之於勢，不責於人」（勢篇）。他認為戰略決策的最高準則是以勢取勝，而不是苛責部下浴血取勝。勢是指戰爭中一方對另一方造成的具有致命威懾力的險峻的戰爭態勢，而這種態勢往往是稍縱即逝的。孫子是以激水漂石，彍弩待發來形容勢的。戰略上謀求勢，戰役戰術上亦要謀求勢。勢的造成要充分利用客觀條件，充分發揮主觀能動性，「致人而不致於人」（虛實篇），在以正兵交合時巧設奇兵，造成對敵致命部位具有彍弩射的的威懾力，從而力求一舉全殲敵人。指揮員制訂決策和實施決策的過程應是一個造勢、任勢的過程。主動、出奇，是造勢過程中異常重要的兩個環節，勢的威懾力、險峻，主要來自「奇」。單純的正兵不足以稱兵法上的勢。奇兵之巧就在於出敵不意，待敵發覺時應是實施勢即任勢之時，敵已感到措手不及，但為時已晚。只有這樣，才能形成致命的威懾力。孫臏云：「奇發而為正，其未發者，奇也」（奇正篇）。是得了孫武思想真諦的。

「求之於勢，不責於人」是偉大戰略家的崇高準則，它旨在強調指揮員以權謀，以其指揮藝術，用最小的代價換取最大的勝利。不敢於和不善於浴血奮戰的部隊顯然不是精銳的部隊，但只知以部隊去浴血奮戰的將領絕不是最高明的指揮員，只有善於造勢、任勢而又統率著敢於浴血奮鬥的部隊的指揮員，才能以全爭於天下。

三、提出了出其不意、靈活機動、以石擊卵的戰術思想

孫武關於戰術問題的論述，在十三篇中比比皆是。概括地說，他的戰術思想就是出其不意、靈活機動、以石擊卵。

戰術思想是受戰略思想支配、制約的，為著造勢、任勢，必須「攻其無備，出其不意」，因而，出其不意，就成為孫子重要的戰術思想。孫子認為，「凡戰者，以正合，以奇勝」(勢篇)，真正取得戰鬥勝利的訣竅在正兵交合時巧設奇兵，求戰術上出敵不意，這是直接實現戰略意圖，為戰略意圖服務的。孫武認為，只有善於出奇，方能「勝乃不窮」。

靈活機動，就是指善於針對各種不同情況靈活採取相應辦法，牢牢掌握戰場主動權。孫武認為，作戰要「亂而取之」、「實而備之」、「強而避之」、「怒而撓之」、「卑而驕之」、「親而離之」(計篇)，「敵則能戰

之」、「少則能逃之」(謀攻篇)，「途有所不由，軍有所不擊，城有所不攻，地有所不爭」(九地篇)，「無邀正正之旗，勿擊堂堂之陣」(軍爭篇)，總之要「因敵變化」、「懸權而動」(軍爭篇)，「合於利而動，不合於利而止」(九地篇)，都充分強調了作戰中靈活機動的原則，其目的就在「致人而不致於人」，消滅敵人，「自保而全勝」(形篇)。

對敵作戰，應立足於自己的充分準備，方可戰勝。「先為不可勝，以待敵人之可勝」(形篇)，「無恃其不來，恃吾有以待也；無恃其不攻，恃吾有所不可攻也」(九變篇)，這一思想，既有戰略意義，又有戰術意義。無論是出奇還是靈活機動，其基本立足點還是自己的不可戰勝，只有自己先站穩了，才可伺機進擊，才可自如地因敵變化。

靈活機動的一個重要成分是軍事行動要快，要速。「兵聞拙速，未睹巧之久也」(作戰篇)。只有速，才能「乘人之所不及」，才能「動於九天之上」，如神兵天降。

以石擊卵，就是說，不管戰略上雙方強弱眾寡如何，戰術上一定集中優勢兵力如以石擊卵般打擊敵人，以實擊虛，衝敵方虛。「其用戰也勝」、「兵貴勝」(作戰篇)，說的就是用戰必須勝任裕如。要有絕對優勢力量舉兵必克。「兵之所加，如以碫投卵者，虛實是也」(虛實篇)。這就是強調要注意選擇敵之虛處進攻，並注意勝敵於敵勢未張，勝敵於未萌，「勝已敗者」(形篇)。「勝兵若以鎰稱銖」、「若決積水於千仞之谿」(形篇)、「如轉圓石於千仞之山」(勢篇)，這是一方面。另一方面，孫子還強調要注意化敵之實為虛，化敵之眾為寡，然後以實擊虛，以眾擊寡。

孫武說：「形人而我無形，則我專而敵分；我專為一，敵分為十，是以十攻其一也，則我眾而敵寡，能以眾擊寡者，則吾所與戰者約矣」(虛實篇)。戰鬥中「備前則後寡，備後則前寡，備左則右寡，備右則左寡，無所不備，無所不寡。寡者，備人者也；眾者，使人備己者也」(虛實篇)。如能準確選擇敵之「寡」，又能化敵之眾為「寡」，從而以眾擊寡，便是得了孫武以石擊卵戰術思想的精粹。

四、揭示了「知彼知己，百戰不殆」的軍事規律

孫子認為，戰爭指導者要使自己的決策正確，必須使決策符合客觀實際；要使決策符合客觀實際，必須確知敵我雙方政治、軍事、經濟、天道、地形等全方位的情況。「知吾卒之可以擊，而不知敵之不可擊，勝之半也；知敵之可擊，而不知吾卒之不可以擊，勝之半也；知敵之可擊，知吾卒之可以擊，而不知地形之不可以戰，勝之半

也」，「知彼知己，勝乃不殆；知天知地，勝乃不窮」（地形篇）。而要做到「知」，「不可取於鬼神，不可象於事，不可驗於度，必取於人」，必須善於運用間諜，「五間俱起莫知其道，是謂神紀」（用間篇）。他主張應不惜爵祿百金來使用間諜，特別注意選擇以「上智」為間。當然，除用間外，還有「策之而知得失之計，作之而知動靜之理，形之而知死生之地，角之而知有餘不足之處」（虛實篇）及〈行軍篇〉「相敵」三十二法等等，都是知敵之情的方法和手段。孫子不僅揭示了這條規律，還指明了實現這條規律的基本途徑。二千多年來的實踐證明，孫武所揭示歸納的這條規律，至今仍是科學的真理。

五、提出了新興地主階級的軍事人才觀

按西周時貴族階級的森嚴等級觀念，非貴族不得任戰車上的甲士，非公卿不得領兵為將。顯然，這種任用和選拔軍事將領的觀點方法是不利於新興地主階級掌握軍權，登上歷史舞臺的，也是不能適應和滿足時代的需要的。隨著「禮崩樂壞」局面的出現，隨著戰爭的需要，從社會中下層產生出來的職業軍人實際上已逐步登上領兵舞臺。孫武順應歷史發展的潮流，從理論上總結歸納出其軍事人才觀，為職業軍事

將領、新興地主階級軍事家登上戰爭指揮臺鳴鑼開道。他說，將帥應具備智、信、仁、勇、嚴五個要素。這在當時令人耳目一新，確乎耐人尋味。除「門第」觀念以外，人們總把「勇」與將首先聯繫在一起，而孫武卻把智放在第一位，勇退居第四位。在孫子看來，真正的良將應具備機敏的政治頭腦，懂得戰爭與政治攸關，與謀求「伐謀」、「伐交」的策略，否則，只是一介武夫，不足為「國之輔也」。第二，將領致勝，應「求之於勢，不責於人」，能「知彼知己」、「知天知地」，能微妙地用間，能巧設奇兵，靈活機動，「懸權而動」，這些，「智」是首當其衝的。將帥不能不會武藝，但僅會武藝絕不能成為一個好將帥。將帥的根本職責在於運籌帷幄、組織指揮。這在孫武以前早就明確，但擔當這一職責所具備的素質，卻是孫武系統明確地第一次提出，將「智」置於各要素之首，這是孫武的獨創。

六、提出了「令之以文，齊之以武」的治軍原則

新興地主階級既然懂得民心對於戰爭勝負的重要決定作用，又需依靠平民、奴隸作為基本力量去推翻貴族階級，因而除了在全民範圍內主張行「道」外，在治軍上相應地主張教化，主張愛護士卒，主張給士

卒以一定的人格地位而不單純是奴隸的地位。孫子說，「道者，令民與上同意也」(計篇)，「令素行以教其民，則民服」，「令素行者，與眾相得也」(行軍篇)。主張視卒如「嬰兒」、「愛子」。當然，教、愛的目的是要士卒為上賣命：「視卒如嬰兒，故可與之赴深谿；視卒如愛子，故可與之俱死」(地形篇)，將帥便可得心應手地率領他們履行「上」的使命，「雖赴水火猶可也」。

但有教，愛的一面還不行。孫武認為還必須有使令與罰的一面，且主張先愛，先教，後使令，後罰。如果「厚而不能使，愛而不能令，亂而不能治，譬若驕子，不可用也」(地形篇)，故「令之以文，齊之以武」(行軍篇)，重視教令，兼行賞罰，「一人之耳目」，使「勇者不得獨進，怯者不得獨退」(軍爭篇)，從而指揮三軍「若使一人」。這些構成了孫子治軍思想的主體。

善待俘虜，不予殺戮，並通過教育使其轉化為戰鬥力，亦為孫子治軍思想的組成部分。孫子主張對戰場上的俘虜，要「卒善而養之，車雜而乘之」，從而「勝敵而益強」，是相當高明的。

應該說，孫子關於將領素質的論述，他的軍事人才觀，也是他治軍思想的有機組成部分，它解決了應由什麼人治軍和怎樣治軍的問題，治軍要嚴，士卒要訓練有素自在其中。另外，反對不懂軍事的舊貴族干預軍權，掣肘軍隊，也是孫武治軍思想的重要觀點。孫武認為：「不知軍之不可以進而謂之進，不知軍之不可以退而謂之退，是謂縻軍。不知三軍之事而同三軍之政者，則軍士惑矣；不知三軍之權而同三軍之任，則軍士疑矣；三軍既惑且疑，則諸侯之難至矣。是謂亂軍引勝」（謀攻篇）。這一觀點，與孫子的軍事人才觀是遙相呼應的，這與其說是為了保證軍隊的政令統一，不如說是為了新興地主階級軍事家能牢固握住軍權。

當然，作為地主階級的成員，孫武在治軍上還確有「愚士卒」的一面。涉及軍事謀略，便主張「愚士卒之耳目，使之無知」。如果從保守機密角度上看，不讓士卒知情，「驅而往，驅而來，使之無知」尚可理解。但孫子的目的不止於此。孫子「教」、「令」的目的是為了將帥得心應手，他主張將欲智而士欲愚，對士卒採取「犯之以事，勿告以言，犯之以利，勿告以害」（九地篇）。過分強調將士卒置於死地。他不可能從根本上把士卒當人看待，更不可能看作主人。在這點上，他是有其時代和階級的局限性的。

七、體現了辯證的思想方法

孫武研究戰爭就是從客觀存在的實際出發，從戰爭雙方的社會的、自然的環境出發。在「天」與「人」的關係上，孫武否定「天」而肯定「人」，否定「天命」。孫武的「天」，是實實在在的「陰陽、寒暑、時制」，是自然的天，不是超乎一切，主宰一切，虛無的上帝的「天」。他的十三篇，就是從人事與自然的環境出發來研究戰爭權謀的。

孫子在對戰爭的考察研究中，敏銳地觀察到了事物矛盾對立的一系列現象：勝負、強弱、實虛、眾寡、奇正、治亂、安危、飽飢、勞逸、死生、遠近、迂直、攻守、利害、勇怯、進退、得失等等。並且進一步認識到，對立的雙方是相比較而存在的：「亂生於治，怯生於勇，弱生於強」（勢篇）；而且「兵無常勢，水無常形」，在一定條件下，對立面會向相反方向轉化，人在促進事物矛盾轉化中是起積極主導作用的：「故形人而我無形，則我專而敵分；我專為一，敵分為十，是以十攻其一也，則我眾而敵寡」（虛實篇），「奇正相生，如循環之無端」，只要善於採取「能而示之不能，用而示之不用」，「利而誘之」（計篇）等「致人而不致於人」的辦法，便可促進矛盾轉化，改變敵我態勢。人類認識世界的目的，不僅在解釋世界，而且在於改造世界，革命的、進步的思想家尤其代表了這個目的。孫子這一促進事物矛盾轉化、能動地改造世界的思想，無論在軍事上、政治上、哲學上都具有積極意義。

不僅如此，孫子還看到，任何事物的某一面都是可分的。實中有虛，虛中有實；強中有弱，弱中有強；強大之敵，必有虛弱之處；嚴密的防務，也有薄弱環節。「備前則後寡，備後則前寡，備左則右寡，備右則左寡，無所不備，則無所不寡」(虛實篇)。這些分析，從哲學上看來，的確閃爍著樸素的辯證法的光輝。

孫子兵法博大精深的內容當然不止這些，如軍事地形、用間等，都有許多精彩的論述，這裡不一一介紹。

孫子兵法值得吸取的精華是豐富的，但作為人類發展的一定階段的產物，孫子兵法在今天看來尚有一些不足，這裡略談幾點：

首先，孫武雖看到了戰爭與政治的關係，但他沒有論述戰爭的性質，雖然史家有「春秋無義戰」的說法，但作為一部軍事理論著作，這一點對孫子兵法來說不能不是一個缺陷。

其次，孫武提出了新的軍事人才觀，但過分強調了將帥的作用，認為是「生民之司命，國家安危之主」，而同時又主張「愚士卒」。這是他的歷史局限性之一。

第三，論述戰術原則有絕對化傾向。如「高陵勿向」、「背丘勿逆」、「歸師勿遏」、「圍師必闕」等，隨著戰爭水準的提高，其不足之處明顯地顯露出來。

由於絕對真理是一切相對真理的總和，人們只能接近卻無法達到絕對真理，所以世界上沒有十全十美的事物，也沒有十全十美的理論，任何事物和理論都是要發展的。孫子兵法雖有不足，但瑕不掩瑜，至今不失為熠熠生輝的民族瑰寶，我們應認真繼承這一文化遺產，取其精華，去其糟粕，古為今用，推陳出新。

一部著作的問世，其社會效果往往是作者所意想不到的，作者未必然，論者未必不然，文學作品如此，理論著作亦然。《孫子兵法》今天享譽中外軍事領域，而且被廣泛應用於社會政治、經濟管理等各種領域，簡直成了一枚社會學的大魔方，被人們珍玩、讚歎不已。其影響之深遠，恐怕是孫武當年向吳王上書時所始料不及的。

自戰國以來，《孫子兵法》一直被視為法寶。「境內皆言兵，藏孫吳之書者家有之」（韓非〈五蠹〉），「世俗所稱師旅，皆道孫子十三篇」（司馬遷《史記．孫子吳起列傳》），三國時，曹操為《孫子》作注，並寫了序言；此後，梁有孟氏，唐有李筌、杜牧、陳皞、賈林，宋有梅聖俞、王皙、何延錫、張預陸續為之作注，合稱《孫子十家注》。南宋時，又將杜佑在《通典》中分類引敘孫子的言論所作的注納於其中，稱為《十一家注孫子》（諸子集成本稱《孫子十家注》）其他注本和研究著作亦汗牛充棟。據統計，在中國自孫子以後的二千多年裡，研究孫子而留下姓氏者有二百餘家，著作五百餘部，存世的也有四百二十餘部。北宋神宗時，規定把《孫子》為首的《武經七書》作為武學必讀之書，南宋時，更是作為選將的必考內容。自戰國以來，歷代將領無不述《孫子》以指導戰爭。誠如明代茅元儀所說，「後孫子者，不能遺《孫子》。」

二〇年代以後，對《孫子兵法》進行專門研究的，應首推郭化若。他於一九三九年十一月至一九四〇年一月在《八路軍軍政雜誌》連載〈孫子兵法之初步研究〉，繼而出版了《孫子今譯》。在現代《孫子》研究領域，郭先生篳路藍縷之功是舉世公認的。又本世紀中葉後，一批有影響的研究著作問世，如楊炳安的《孫子集校》，楊家駱主編的《孫子集校》、張世祿的《孫子兵法白話注解》等，在校勘、注釋上作了深入的探討。一九七二年，銀雀山漢墓《孫子兵法》與《孫臏兵法》出土，是

《孫子》研究領域劃時代的大事，無論校勘、注釋還是軍事思想諸方面研究，從此步入了一個新的階段。尤其是一九七七年後，《孫子》研究進入空前活躍時期，論著多，研究廣。有軍事科學院《孫子兵法新注》，吳如嵩《孫子兵法淺說》，陶灣章《孫子兵法概論》，楊炳安《孫子會箋》等相繼出版。此外，還有唐滿先《孫子兵法今譯》，葉鐘靈《孫子兵法、論語管理思想選輯》，龐齊《孫子兵法探析》，張文穆《孫子兵法解詁》，朱軍《孫子兵法釋義》等。

銀雀山漢墓竹簡《孫子兵法》公布於世以後，引起海內外學術界震動。臺灣、香港等地區學者非常重視，一九七七年起陸續推出一批研究著作，如魏汝霖《孫子今注今譯》、陳華元《孫子新銓》、鄭峰明《孫子思想研究》、馮龍《孫子例證之研究》、潘光建《孫子兵法新論》、蕭天石《孫子戰爭論》、肖而鄺《孫吳兵法與企業管理》等等。從學術角度上看，皆不乏可資參考借鑑之處。

《孫子兵法》的「輸出」，遠在唐朝即開始。唐武則天時，日本留唐學生吉備真備於西元七三四年把《孫子兵法》、《吳子》等帶回日本。傳入日本初期只作為祕密圖書保存與流傳在學者及武將之家，至德川幕府時期，才興起研究熱潮。自那時起，日本研究《孫子兵法》的著作不下一百六十七十種。其中一九八〇年出版的佐藤堅司《孫子之思想史的研究》和一九八七年服部千春在中國大陸出版的《孫子兵法校解》是日本研究《孫子兵法》具有代表性的力作。軍人出身的兵法學者兼企業家大橋武夫成功地以《孫子》指導經營，其《用兵法經營》一書是他這方面的經驗總結。他以《孫子兵法》中「上下同欲者勝」作為經營方針，使東澤精密公司大獲其利。

一七八二年，《孫子兵法》由耶穌會會士阿米歐神父譯成法文。一九〇五年，在日本學習的英國皇家野戰炮兵上尉卡爾思羅普首次將《孫子兵法》譯成英文。一九一〇年，英國著名漢學家賈爾斯根據中文版重譯。由於賈爾斯漢學造詣極深，又對原作進行了深入研究，故其譯文精密，至今仍是權威譯本。一九六三年，美國退休准將格里菲斯根據孫星衍校《孫子十家注》本重新翻譯。該本彌補了賈爾斯本某些不足，亦為近二十年來權威譯本。繼法、英譯本後，德、捷、俄、朝鮮、越南、馬來西亞、希伯來文等譯本相繼問世，受到世界普遍關注。

近年來，《孫子》研究已成為國際性「熱門」，成果日益豐富，應用範圍甚廣。一九八八年、一九九〇年先後在中國大陸召開兩屆國際性

《孫子兵法》學術研討會，不僅推動了在軍事科學領域中的《孫子兵法》研究，而且推動了在其他領域中更廣泛、深入地研究、應用和推廣《孫子兵法》。如在企業管理、商業競爭、體育競賽等許多方面，都有不少人成功地運用了《孫子兵法》的戰略、策略和戰術思想及辯證方法，取得了成功。

《孫子兵法》被運用於企業經營管理、市場競爭，是近年來孫子研究和應用的新動向，也是近年來人們感到新鮮的話題。大量移用《孫子兵法》於商業競爭和企業管理的歷史契機在第二次世界大戰後。當時，日、美、西德、南朝鮮等國大批軍人棄武從商，以兵法治商，由於運用恰當，不少人取得了成功，從而使不少研究者看到《孫子兵法》對商業競爭、企業管理的指導意義，促進了研究《孫子兵法》的國際性學術熱潮的興起。

隨著對孫子思想及其應用研究的深入，對《孫子兵法》原旨的研究也提出了更高的要求。這本《孫子全譯》，就是力求吸取前人與今人的研究成果，以現代漢語準確地反映《孫子兵法》本旨，力求為學習研究《孫子兵法》者提供一塊較為可靠的基石。主要參照書有上海古籍出版社的《十一家注孫子》、中華書局的《孫子兵法新注》（以下簡稱《新注》），吳如嵩《孫子兵法淺説》、陶漢章《孫子兵法概論》、文物出版社《銀雀山漢墓竹簡孫子兵法》（以下簡稱竹簡本《孫子兵法》）等。筆者之見有異於眾賢者，將分列諸注；文句理解有異者，只在譯文中體現，必須時用按語予以說明。凡引《十一家注孫子》古注，均直引注家姓名，不冠書名。

本書原文以上海古籍出版社印行的《十一家注孫子》原本為底本，凡參校竹簡本《孫子兵法》及他書處，隨注標出。

本書以篇為單位注譯。每篇標題下有導讀，簡要説明該篇內容及有關問題。正文之後，先出注釋，後出譯文，分段行文。《孫子》以譯為主，凡在譯文中能體現的，一般不出注；如有需提請讀者注意而又不能在注釋與譯文中全面體現的，則加按語。

筆者在《孫子兵法》研究中雖已蒐羅了大量資料，但仍恐難免掛一漏萬，疏漏、錯誤之處，有待專家、同行及後來者批評、指正，學術發展的生命也正在此。

註❶ 見一九八五年一月二十五日《解放軍報》：〈孫子兵法與西方核戰略〉。

註❷ 《一八五二年神聖同盟對法戰爭的可能性與展望》。

孫子目次

卷一 計篇

計篇

第一 導讀

本篇為《孫子兵法》首篇，篇名為〈計〉，「篇」字為後人所加，其餘十二篇均如此。古籍傳鈔時，此類情況尚多。《武經七書》本寫作「始計」，因其為首篇而加「始」字。銀雀山漢墓竹簡本《孫子兵法》即作「計」。

本篇是在考察戰爭的論題下，從人事與自然、主觀與客觀兩大範疇提出了決定戰爭勝負的基本條件。故曹操注曰：「計者，選將、量敵、度地、料卒、遠近、險易計於廟堂也。」

文章先以一語點明研究戰爭的重要性，接著便從「道」、「天」、「地」、「將」、「法」五個方面列舉了決定戰爭勝負的社會和自然的種種客觀條件。然後，又在「兵者，詭道也」觀點統帥下，列舉了將帥發揮主觀能動性，轉化矛盾，造成有利戰爭態勢的情況，進一步闡述了決定戰爭勝負的條件。

篇末則強調戰爭勝負只能從這些「條件」比較中產生，只能從人事與自然的實際中產生，鮮明地體現了孫子的辯證法思想。

孫子曰：兵者，國之大事❶，死生之地❷，存亡之道，不可不察也❸。

【注釋】

❶漢簡「事」下有「也」字。兵，本指所持械具。甲骨文、篆文均作雙手持石斧揮動狀。《說文》：「兵，械也。從廾從斤，並力之貌。」此處用作戰爭的代詞。上古把祭祀和戰爭列為國家頭等大事。《左傳·成公十三年》：「國之大事，在祀與戎。」又襄公二十七年：「聖人以興，亂人以廢；廢、興、存、亡，……皆兵之由也。」❷地：所在，所繫。道：規律。賈林曰：「地猶所也。亦謂陳師振旅戰陣之所。」王晳曰：「兵舉，則死生存亡繫之。」張預曰：「民之死生兆於此，則國之存亡見於彼。」戚繼光《大學經解》云此句「正以釋國之大事也。地字虛看，乃兵之死生所繫；存亡，以國言。」此處「地」、「道」互文，無論實看虛看，皆泛言戰爭同國家人民的生死存亡關係極大。「死生之地」，從戰爭場所決定生死立言，強調戰爭非兒戲；「存亡之道」，從戰爭結果決定國家存亡立言，與上句互文，極言干係之大。梅堯臣（聖俞）注為「地有死生之勢，戰有存亡之理」，賈林認為「得其利則生，失其便則死」，似於文意未妥。❸察：反覆審視。這裡指深入考察、研究。

【譯文】

孫子說：戰爭，是國家的頭等大事，是關係民眾生死的所在，是決定國家存亡的規律，不能不認真加以考察、研究。

故經之以五事，校之以計而索其情❶：一曰道，二曰天，三曰地，四曰將，五曰法。道者，令民與上同意也，故可以與之死，可以與之生，而不畏危③。天者，陰陽④、寒暑、時制也⑤。地者，遠近、險易⑥、廣狹、死生也⑦。將者，智、信、仁、勇、嚴也⑧。法者，曲制⑨、官道⑩、主用也⑪。凡此五者，將莫不聞⑫，知之者勝⑬，不知者不勝。故校之以計而索其情，曰：主孰有道？將孰有能？天地孰得？法令孰行？兵眾孰強⑭？士卒孰練⑮？賞罰孰明？吾以此知勝負矣。

【注釋】

❶經：織機上的縱線，引申有「綱」、「綱領」之義。這裡作動詞，意為「以……為綱進行研究」。五事：五個方面的情況，即下文「道、天、地、將、法」五個方面的情況。按：竹簡本此句無「事」字。杜牧注：「五者，即下所謂五事也。」亦只注「五」，殆孫子原書本無「事」字。校：比較。計：上古籌碼稱計，稱筭，引申作條件、因素等。《說文》：「計，筭也」。《周禮．天官．小宰》：「以聽官府之六計，弊群吏之治：一曰廉善，二曰廉能，三曰廉敬，四曰廉正，五曰廉法，六曰廉辨。」又《管子．七法》：「剛柔也，輕重也，大小也，實虛也，多少也，謂之計數。」「校之以計」的「計」的用法與上二例相類，這裡指戰爭雙方各自具備的有利條件。又郭化若《十一家注孫子附今譯》注為「計算」。一般流行本多依古說

（如王晢等「計者，謂下七計」）注為：「指『主孰有道』等七計」，雖指出了概念外延，但實不可以以「七」限之。索：求索、探究。情：情實、情形。❷上：國君。意：思想、志向。同意：思想一致。「道者，令民與上同意也」說明「道」純屬政治概念。孫子將道列於五事之首，足見其對政治條件的重視。《商君書・戰法》：「戰法必本於政勝。」《荀子・議兵》：「故兵要在乎善附民而已。」可與孫子此義相參證。❸不畏危：曹操注：「危者，危疑也。」俞樾《諸子平議・補錄》云：「曹公注曰：危者，危疑也，不釋畏字，其所據本無畏字也。民不危，即民不疑，曹注得之。孟氏注曰：一作人不疑，文異而義同也。《呂氏春秋・明理篇》曰：以相危，高誘訓危為疑，蓋古有此訓，後人但知有危亡義，妄加畏字於危字上，失之矣。」楊炳安《孫子會箋》按：「俞說有理，應從漢簡與曹注去『畏』字，作『故可以與之死，可以與之生，而不危也』。不危，言無疑貳之心。」此解與「同意」文旨一致，善。漢簡此處作「弗詭」。《說文》：「詭，違也。」違，有疑、貳之義，可通。而釋為「不敢違抗」，失之。❹陰陽：實指晝夜、晴晦等自然天象。❺時制：時節，四季節令的變化。❻險易：《說文》：「險，阻難也。」泛指險阻難行之地。易：平易，平坦易行之地。《淮南子・兵略訓》：「易則用車。」高誘注：「易，平地也。」❼死生：死地、生地。死地，指不疾戰取勝則死，毫無退路的境地。《孫子兵法・九地》：「疾戰則存，不疾戰則亡者，為死地。」又「無所往者，死地也。」非死地，利於攻守進退，即生地。此句在漢簡中為「地者，高下、廣狹（寫作陜）、遠近、險易、死生也。」多「高下」二字。❽智、信、仁、勇、嚴：孫武認為這是將帥必備的五個方面的素養，古來注家稱之為將之「五德」。此句《潛夫論》引作「將者：智也，仁也，敬也，信也，勇也，嚴也」。楊炳安《孫子會箋》：「查曹注及其他各注皆未及『敬』字，『敬』字蓋王符臆增。」此說當是。此句梅堯臣注：「智能發謀，信能賞罰，仁能附眾，勇能果斷，嚴能立威。」王晢曰：「智者，先見而不惑，能謀慮、通權變也。信者，號令一世。仁者，惠撫惻隱，得人心也。勇者，徇義不懼，能果毅也。嚴者，以威嚴肅眾心也。五者相須，缺一不可。故曹公曰，將宜五德備也。」皆善。❾曲制：部隊的編制規定。曲：部曲，軍隊編制之稱。《後漢書・百官志・將軍》：「其領軍皆有部曲。大將軍營五部，部校尉一人……部下有曲，曲有軍候一人。」曹操、李筌各家皆注曲為部曲。⑩官道：各級將吏的職守範圍規定。「官道」之「道」與「曲制」之「制」均指規定、制度。⑪主：掌管。用：給用。主用：即軍需物資的供應管理制度。曹操注「主軍費用也」，得之。⑫聞：聽說，粗有了解。⑬知：這裡指透徹掌握，深刻領會。⑭兵眾：兵力。此句從軍隊整體立言。⑮士卒：士兵。此句從單個士兵立言。練：幹練，訓練有素，即今之所謂單兵素質好。

【譯　文】

應該以五個方面的情況為綱，通過具體比較雙方的基本條件來探討戰爭勝負的情形：一是「道」，二是「天」，三是「地」，四是「將」，五是「法」。所謂「道」，就是從政治上使民眾與君主的思想一致，這樣，民眾就能與君主同生死共患難，誓死效命，毫無二心。所謂「天」，就是氣候的陰晴、寒暑、四季節令的更替規律等。所謂「地」，就是指行程的遠近、地勢的險峻或平易，戰地的廣狹，是死地還是生地等。所謂「將」，就是看將領們是否具備智、信、仁、勇、嚴五種素質。所謂「法」，就是指部隊的組織編制制度，軍官的職責範圍規定，軍需物資的供應管理制度等。大凡這五個方面，將領們沒有誰沒聽說過，但只有透徹掌握了的人才能取勝，沒有透徹掌握的人則不能取勝。因而，還要通過比較雙方的具體條件來探究戰爭勝負的情形。這些條件是：雙方君主哪一方施政清明、有道？將領哪一方更有才能？天時、地利哪一方占得多？軍中法令哪一方執行得好？兵力哪一方更強大？士兵哪一方更訓練有素？獎賞與懲罰哪一方更嚴明？我憑著對這些情況的分析比較，就可知道戰爭勝負的情形了。

將聽吾計❶，用之必勝❷，留之❸；將不聽吾計，用之必敗，去之。計利以聽❹，乃為之勢❺，以佐其外❻。勢者，因利而制權也❼。

【注釋】

❶將：一說，通常視為助動詞，實為語氣副詞，含假設語氣。明趙本學《孫子書校解引類》云：「將字一作如字。」此即謂「將」猶「如」也。作如字就是實在的假設連詞。這一說，無論「將」字詞性歸屬如何，均認為此句為孫子激吳王之詞，「吾」指孫子，下文「去」、「留」皆為孫子言之。此說首於陳皞、梅堯臣等。梅堯臣曰：「武以十三篇干吳王闔閭。故首篇以此辭動之。謂王將聽吾計而用戰必勝，我當留此也；王將不聽我計而用戰必敗，我當去此也。」而戚繼光《大學經解》謂「將」乃「將兵之將」，「去」「留」乃以國君對將言之。楊炳安《孫子會箋》云：「此二說皆可通。」以《新注》為代表的流行本注時並列二說，譯則多取前說。按：雖「二說皆可通」，細審上下文意，當以前說為善。至於孟氏曰：「將，裨將也。」失之。計：此指軍事謀略思想。❷用之：亦有二說，一為「用兵」，「用戰」，「之」為語氣詞，二為「任用」，即「任用我領兵」，「任用我作戰」，「之」為第一人稱代詞，二說皆可通，以第二說為善，下句「用之」準此。❸留之：我就留下。之，語氣詞。下句「去之」準此。「去」、「留」以孫子言之，順。按：西周春秋時期，尤以春秋中前期以前為甚，非公卿大夫不可領兵，在朝為卿，在軍為將，兵罷回朝為卿。戰爭勝敗，不存在或不僅僅是「去」、「留」問題。春秋末，於形勢所迫，偶用大族庶孽之有聲望者，如田穰苴，然得勝罷兵後亦封為大司馬。春秋時尚無「職業」將軍。孫武此時僅圖謀一時的領兵之務，以作為進身之

階，故有「去」、「留」問題。此問題由孫武提出，無疑加重了孫武身價的砝碼。正因為孫武非「名正言順」的將軍，後又未聞有封侯為卿之事，當時人目之為「吳王客」，《越絕書》所載「巫門外大冢吳王客齊孫武冢」是也。此可備一說，錄以就正方家。❹聽：從，採納，接受。此句以下張預注曰：「孫子又謂，吾所計之利若已聽從，則我當復為兵勢以佐助其事於外。」❺勢：是孫武權謀思想的核心，詳〈勢篇〉。「勢」的思想的建立者是孫武，他認為戰爭應「求之於勢，不責於人」。人君制定大略，規定任務，但出外「因敵變化」，巧用奇正，造勢取勝，則賴將領。之：第二人稱代詞。❻佐：輔助、輔佐。佐其外：即「於其外佐之」。其：同上「之」，均指吳王。外：略定於內，勢造於外，故言外。梅堯臣曰：「定計於內，為勢於外，以應動勝」，得之。此言造勢以佐助人君有效地達到戰爭目的。曹操曰：「常法之外也。」未切。❼權：應變之舉。制權：即採取應變行動。指「因敵變化」、「懸權而動」的造勢舉動。《荀子．議兵》：「權不可預設，變不可先圖，與時遷移，隨物變化。」可與上文參互理解。

【譯　文】

如果您能接受我的軍事思想，任用我領兵作戰一定勝利，我就留下；如果您不能接受我的軍事思想，用我領兵作戰必定失敗，我就離開。

我的軍事思想您認為好並且能夠接受，我將為您造成軍事上的勢，從外輔佐您。所謂造成軍事上的勢，就是在戰爭瞬息萬變的情況中抓住有利的時機採取恰當的應變行動。

兵者，詭道也❶。故能而示之不能❷，用而示之不用，近而示之遠，遠而示之近；利而誘之❸，亂而取之❹，實而備之❺，強而避之❻，怒而撓之❼，卑而驕之❽，佚而勞之❾，親而離之❿。攻其無備，出其不意⓫。此兵家之勝⓬，不可先傳也⓭。

【注釋】

❶詭：詐。《玉篇》：「欺也。」此句言用兵打仗，應以機變為原則，此乃孫武對敵鬥爭權謀思想的基礎。這一具普遍指導意義的原則由孫武首次正面提出。到宋代此說受到蘇軾、葉適等人的非議，其實，正如王皙所注：「詭者，所以求勝敵，御眾必以信也。」❷此句以下共四句皆言如何以假象惑敵，行詭道也。「能」及下三句之「用」、「近」、「遠」皆從原則上統言之：能用、能做、能行、能強、能勇……皆曰能；用人、用物、用術、用法、用計……皆曰用；近攻、近途、近日……皆曰近；遠亦如之。不可拘泥於一種，狹義釋之。❸此句以下共八句，皆言針對不同的敵人採取相應對策的情況，亦行詭道也。每句首字指敵情判斷，即敵之「屬性」，第三字言我之對策，即相應的行動。利：貪利。言敵人貪利。梅堯臣注：「彼貪利，則以貨誘之。」甚當。❹梅堯臣注：「彼亂則乘而取之。」❺實而備之：對實力雄厚的敵人要時刻戒備它。梅堯臣曰：「彼實則不可不備。」❻強：兵力強大。避：避開鋒芒。❼怒而撓之：梅堯臣注：「彼褊急易怒，則撓之使憤急輕戰。」撓：挑逗。楊炳安《孫子會箋》認為此「撓在此不訓挑，而訓屈、折」，「此句言敵若氣勢洶洶，逞怒而來，我則設法沮敗其氣焰，使之衰解。」可備一說。❽卑：謙下意，《禮記·中庸》：「譬如登高必自卑。」此言敵將小心謹慎，穩紮穩打。❾佚：同「逸」。與「勞」對言，安也。言敵人休整良好。❿親：親密，和睦。離：離間。言敵人內部親密和睦，則要設法使它們分裂離散。⓫攻其無備，出其不意：此乃孫武千古名言之一，為歷代兵家傳誦並遵行。⓬勝：猶「名勝」、「形勝」之「勝」，此言兵行詭道，臨機應變，乃用兵佳妙之所在。《新注》：「勝：佳

妙、奧妙。」甚切。李筌釋為「兵之要」，張預釋為「兵家之勝策」，其義近之。⓭不可先傳：曹操曰：「傳，猶泄也。兵無常勢，水無常形，臨敵變化，不可先傳。」杜牧曰：「傳，言也。此言上之所陳，悉用兵取勝之策，固非一定之制，見敵之形，始可施為，不可先事而言也。」《新注》：「指不可事先具體規定，意即必須在戰爭中根據情況靈活運用。」

【譯文】

用兵，是以詭詐為原則的。因而，「能」要使敵人看成「不能」，「用」要讓敵人看作「不用」，「近」要讓敵人看作「遠」，「遠」要讓敵人看作「近」。敵人貪利，就誘之以利而消滅他；敵人混亂，就抓緊時機立刻消滅他；敵人實力雄厚，則須時刻戒備他；敵人精銳強大，就要注意避開他的鋒芒；敵人褊急易怒，就挑逗他，使他失去理智；敵人小心謹慎，穩紮穩打，就設法使他驕傲起來；敵人軍隊休整良好，則設法使他勞倦；敵人內部和睦，就離間其關係。在敵人沒有準備的情況下進攻，在敵人意想不到的條件下出擊。這些，是軍事家用兵之佳妙奧祕，是不可事先規定或說明的。

夫未戰而廟算勝者❶，得算多也❷；未戰而廟算不勝者，得算少也。多算勝，少算不勝❸，而況於無算乎？吾以此觀之，勝負見矣❹。

【注釋】

❶廟算：《新注》：「古時候興兵作戰，要在廟堂舉行會議，謀劃作戰大計，預計戰爭勝

負，這就叫廟算。」廟算中認為（即預測到）戰爭會取勝。楊炳安《孫子會箋》：「言戰前於廟堂算計戰爭可能勝利。何以知道可能勝利？因『得算多也』。」❷得算多：即竹簡本作「得筭多」，謂具備的致勝條件多。筭，算之異體字。此處以下數「算」均如此，義同「校之以計」之「計」。楊炳安《孫子會箋》：「此得算之算乃指算籌，亦即獲勝條件。」❸多算勝，少算不勝：言獲得算籌多，具備的致勝條件多，就勝利；所得算籌少，具備的致勝條件少，就不能勝利。❹見：同現，呈現，顯現。

【譯文】

未開戰而在廟算就認為會勝利的，是因為具備的致勝條件多；未開戰而在廟算中就認為不能勝利的，是具備的致勝條件少。具備致勝條件多就勝，少就不勝，何況一個致勝條件也不具備的呢？我從這些對比分析來看，勝負的情形就得出來了！

卷二 作戰篇

作戰篇

第二

導讀

本篇從戰爭對國家人力、財力、物力的依賴性出發，著重論述了「兵貴勝，不貴久」的用兵原則，提出了「因糧於敵」，借敵人力、物力「勝敵而益強」的策略主張。

孫武所處的時代，正是我國奴隸制向封建制嬗變的時代，矛盾複雜，衝突激烈，戰爭連綿不斷，而當時生產水準低下，各諸侯國人力、財力、物力都有限，交通運輸又極為不便，如每次戰爭力不從心，費時過長，其耗損必然很大，在那兼併激烈的時代就隨時有被他國吞滅的危險，因而，孫武提出了「兵貴勝，不貴久」的用兵原則，主張打勝任裕如的速決戰。這一思想，在當時是積極的，即使在今天，亦可資借鑑。

但孫武沒有進一步從全局與局部、戰略與戰術上加以區別，更未從戰爭性質上加以分析，未看到在一定條件下，「久」而「老」其師也是一種必要原則。為了解決戰爭對人、財、物的不斷需求與「運輸」的矛盾，孫武提出了「因糧於敵」，「車雜而乘之」，「卒善而養之」，從而「勝敵而益強」的策略主張。

孫子曰：凡用兵之法，馳車千駟❶，革車千乘❷，帶甲十萬❸，千里饋糧❹，則內外之費，賓客之用❺，膠漆之材❻，車甲之奉❼，日費千金，然後十萬之師舉矣。其用戰也勝❽，久則鈍兵挫銳❾，攻城則力屈❿，久暴師則國用不足⓫。夫鈍兵挫銳，屈力殫貨⓬，則諸侯乘其弊而起⓭，雖有智者，不能善其後矣⓮。故兵聞拙速，未睹巧之久也⓯。夫兵久而國利者，未之有也。故不盡知用兵之害者，則不能盡知用兵之利也。

【注釋】

❶馳車：輕車，為攻戰之車，以其「馳敵致師」而稱之。駕四馬，故以駟為單位。詳見藍永尉《春秋時期的步兵・戰車分類》（中華書局一九七九年版，第六十六～六十七頁）。❷革車：重車，輜車，或稱軿車。駕馬或牛，為守車，載糧秣、軍械、裝具等。詳見藍永尉《春秋時期的步兵・戰車分類》（第六十七頁）。乘：輛，量詞。❸帶甲：春秋戰國時稱武裝士卒為「帶甲」。因其「擐甲執兵」而言。李筌說：「帶甲，步卒」帶甲十萬：我國古代的車戰，從西周到春秋有重大發展。初之編制，攻車一乘，甲士步卒二十五人，守車一乘五人，攻守二乘三十人。到春秋時期，已發展到攻車七十五人，守車二十五人，合為百人。且攻守車相配為一單位，仍稱「一乘」，千乘則合十萬人。杜牧注引《司馬法》云：「一車，甲士三人，步

卒七十二人，炊家子十人，固守衣裝五人，廄養五人，樵汲五人，輕車七十五人，重車二十五人。」其所謂「一車」實際上是攻守之輕重二車。參閱藍永尉《春秋時期的步兵・攻車編制》及同書〈守車編制〉。❹饋糧：運送糧草。❺賓客：諸侯國間往來的使節、遊說之士。杜牧曰：「軍有諸侯交聘之禮，故曰賓客也。」張預曰：「賓客者，使命與遊士也。」❻膠漆：修造甲冑弓矢不可或缺之材料。修繕亦必用。張預曰：「膠漆者，修飾器械之物也。」❼車甲之奉：戰車需膏油潤滑，甲冑需金革修補，此言千里行軍車甲修繕的花費。張預曰：「車甲者，膏轄金革之類也。」其：語氣副詞，表推斷。❽勝：《說文》：「任也。」段玉裁注：「凡能舉之能克之皆曰勝，本無二音二義，而俗強分平去。」此即謂勝即勝任裕如之意，能勝任裕如，舉措必成功、勝利。或曰勝為「速勝」，並存之。❾鈍兵挫銳：兵器鈍壞，銳氣受挫。梅堯臣注：「兵仗鈍弊而軍氣挫銳。」鈍，漢簡作「頓」，通。《左傳・襄公四年》「甲兵不頓」。《正義》：「頓為挫傷折壞也。」❿屈：撓，折損，亦可訓「竭」。《荀子・王制》：「國家足用而財力不屈。」「屈」即竭。⓫暴：曝之本字，原意為曬米。暴師：即陳師於野。⓬殫貨：殫，《說文》：「盡也。」殫貨言物資耗盡。⓭弊：疲困、困頓。⓮善其後：妥善地挽回敗局或收拾好殘局。善，形容詞用如使動詞。⓯楊炳安《孫子會箋》：「此意蓋為：拙固無可貴，然若能使速決，吾寧取之；巧固可貴，然若使戰爭曠日持久，則吾寧舍之，並非實謂拙可貴而巧可舍也。」

【譯　文】

孫子說：根據一般作戰常規，出動戰車千輛，運輸車千輛，統兵十萬，沿途千里轉運糧草，內外的日常開支，使者往來的費用，修繕武器用的膠漆、戰車所需的膏油、修甲所需的金革等等，每日須耗費千金，作好了這些準備後，十萬大軍才能出動啊！所以，用兵打仗就要做到勝任裕如，舉兵必克，否則，長久僵持，兵鋒折損，銳氣被挫，攻城就力竭，長期陳兵國外則國內資財不足。如果兵鋒折損，銳氣受挫、兵力耗盡、財政枯竭，那麼，其他諸侯國就會趁這個困頓局面舉兵進攻，即使睿智高明的人也難以收拾好這個局面。用兵打仗，只聽說計謀不足但靠神速取勝的，沒有聽說有計謀卻要拖延戰爭時日的。戰爭時間長而對國家有利這種事，從來就沒有過。因此，不能全面了解戰爭害處的人，也就不能真正懂得戰爭的有利之處。

善用兵者，役不再籍❶，糧不三載❷；取用於國，因糧於敵❸，故軍食可足也。

【注釋】

❶役：兵役。再：兩次。籍：伍籍，這裡作動詞，指徵調。曹操曰：「籍，猶賦也。言初賦民便取勝，不復歸國發兵也。」杜牧引鄭司農《周禮》注曰：「役，謂發兵役。籍乃伍籍也。」❷三：與上句「再」互文，為「再三」之意。極言多，並非實指。言兵員糧草一次徵集，不可再三。曹操注：「始載糧，後遂因糧於敵，還兵入國，不復以糧迎之也。」劉寅《武經七書直解·孫子》：「一饋糧而止。」皆善。❸取用於國，因糧於敵：曹操注：「兵甲戰具，取用國中，糧食因敵也。」十一家古注流行本多準此，楊炳安《孫子會箋》：「『取用』指取自國內之軍糧，『因糧』乃得自敵方之軍糧。故下文總之曰『故軍食可足也。』」予謂上二說皆未妥。「取用」之「用」當同〈計篇〉「主用」之「用」，統言軍需物資，包括兵甲器具與糧草，「取用」之實際亦如此，然「因」於敵者亦不限「糧」，何以只言「因糧於敵」，下文又說：「故軍食可足」？蓋孫武乃舉其要而言。因大軍出境，耗費最大、天天需要，不可或缺的是糧草，武器裝備一次備夠則使用較久，可以修繕，無奈糧草不然，而軍無糧則亡，故特以「糧」言之。後句「故軍食可足也」是說明「因糧於敵」之舉的巨大意義，解除人們對燃眉之急所持之

憂，同時證明「善用兵者」「糧不三載」的正確。因：襲也。此為順便、乘便奪取之意。

【譯文】

善於用兵的人，兵員不再次徵調，糧餉不再三轉運。各項軍用從國內取得後，糧草補給在敵國就地解決，那麼，軍糧就可滿足了。

國之貧於師者遠輸❶，遠輸則百姓貧❷。近於師者貴賣❸，貴賣則百姓財竭❹，財竭則急於丘役❺。力屈、財殫，中原內虛於家❻。百姓之費，十去其七；公家之費❼，破車罷馬❽，甲冑矢弩，戟楯蔽櫓❾，丘牛大車❿，十去其六。

【注釋】

❶貧於師：各本皆如此，漢簡同。俞樾謂應作「遠於師」，楊炳安謂當從俞說，予謂當仍以「貧於師」為善。此句分析說明何以「糧不三載」與何以要「因糧於敵」，下句「近於師者」乃言千里行軍於境內之沿途，非與此句「遠輸」之「遠」對言。否則，「國之近於師」亦難通。師：軍隊。此指戰爭、興兵。遠輸：長途轉運。當時交通不發達，道路不一致，車不同軌，難度極大。❷百姓：姓為上古族號，後以為姓，至奴隸社會以達於西周，只貴族有姓，奴隸無姓，而有姓之貴族皆為官者，故百姓本指百官。《書·堯典》：「百姓昭明，萬邦協和。」後泛指庶民，春秋末已始，故本文從今義譯。❸貴賣：即物價高。❹貴賣則百姓財竭：物價高漲，那麼百姓財物枯竭。李筌注：「夫近軍必有貨易，百姓徇財殫產，而從之竭也。」十一家古注大同。于鬯以為「百姓」為衍文，恐非。現依各本原句。❺財竭則急於丘

役：謂百姓財物枯竭則對供出丘役感到危急，疲於奔命。一般注家作國家「急」於增加丘役，似覺主語淆亂，且上下文難通。于氏認為衍文蓋本此。「急於丘役」者依然為百姓，主語順。急者，感到危急、為難也。於是汲汲疲於奔命。張預曰：「財力殫竭，則丘井之役急迫而不易供也。」近之。丘役：古代按行政單位徵收的賦役。據《周禮》記載：九夫為井，四井為邑，四邑為丘，四丘為甸。從西周到春秋，軍賦不斷增加，至春秋時，丘出戎馬一匹，牛三頭，甸出戰車一乘，馬四匹，牛十二頭，甲士三人，步卒七十二人。丘為徵收軍賦的基層單位，故言丘役。杜牧曰：「《司馬法》曰，六尺為步，步百為畝，畝百為夫，夫三為屋，屋三為井，四井為邑，四邑為丘，四丘為甸，丘蓋十六井也。丘有戎馬一匹，牛四頭，甸有戎馬四匹，牛十六頭，丘車一乘，甲士三人，步卒七十二人。」❻中原：泛指國內。虛：空虛，言財物匱乏。❼公家：相對「百姓」而言，指國家。❽罷：同「疲」。❾戟楯蔽櫓：戟，合戈矛為一體的古兵器。楯：盾。蔽櫓：一種主要用於防衛的大型盾牌，以大車輪類巨物蒙以生牛皮，可屏蔽，故稱蔽櫓，以區別它種櫓。王晳曰：「楯，干也。蔽，可以屏蔽；櫓，大楯也。」張預曰：「蔽櫓，櫓也，今謂之彭排。」❿丘牛：丘賦之牛，故言丘牛。一說，丘牛，大牛。

【譯文】

國家由於興兵而造成貧困的原因是長途運輸。長途轉運軍需，百姓就會貧困。軍隊經過的地方物價高漲，物價上漲就會使百姓財物枯竭，財物枯竭就會汲汲於應付賦役。民力耗盡，財物枯竭，國內家家空虛，百姓的資財耗去了十分之七。國家的資財，戰車破損了，戰馬疾病了，盔甲、矢弩、矛盾、牛、車之類，耗去了十分之六。

故智將務食於敵❶。食敵一鍾❷，當吾二十鍾；𦳣秆一石❸，當吾二十石。

【注釋】

❶務：追求，力爭。食：取食，動詞。❷鍾：古容量單位。每鍾六斛四斗，即六十四斗。曹操注：「六斛四斗為鍾。」《左傳》昭公三年「釜十則鍾。」杜預注：「六斛四斗。」而孟氏曰：「十斛為鍾。」蓋古代各朝量制原不統一。❸𦳣秆：泛指飼草。𦳣，同「萁」，豆稭；秆，禾莖。杜牧曰：「𦳣，豆稭也；秆，禾藁也。」石：古既為容量單位，亦為重量單位。重量單位以一百二十斤為石。《漢書・律曆志下》：「三十斤為鈞，四鈞為石。」

【譯文】

因而，高明的將領務求從敵方奪取糧草。就地從敵方取糧食一鍾，相當於自己從本國運出二十鍾；就地奪取敵人飼草一石，相當於自己從本國運出二十石。

故殺敵者，怒也❶；取敵之利者，貨也❷。故車戰得車十乘已上❸，賞其先得者，而更其旌旗，車雜而乘之❹，卒善而養之❺，是謂勝敵而益強。

【注釋】

❶殺敵者，怒也：梅堯臣注：「殺敵則激吾人以怒。」激怒我方軍士使之奮勇殺敵。❷取敵之利者，貨也：梅堯臣注：「取敵則利吾人以貨。」對奪取敵人資財者要以實物予以獎

勵。❸已：同「以」。❹雜：混雜，混編。此句謂將俘獲敵戰車混編入己車陣中。王晳曰：「謂得敵車可與我車雜用之。」❺善：善待。養：收養以使用。此句言對所俘敵兵宜善待並使用。張預曰：「所獲之卒，必以恩信撫養之，俾為我用。」是。

【譯　文】

激勵士卒奮勇殺敵，是使之威怒；鼓勵將士奪取敵人資財，要用財物獎勵。因此在車戰中，凡繳獲戰車十輛以上的，獎賞那先奪得戰車的士卒，並且更換敵戰車上的旌旗，將其混合編入自己的車陣之中，對於俘虜，則予優待、撫慰，任用他們作戰，這就是所謂戰勝敵人而使自己日益強大。

故兵貴勝❶，不貴久。

故知兵之將，生民之司命❷，國家安危之主也❸。

【注　釋】

❶勝：此作勝任裕如意。❷生民：泛指民眾、百姓。司命：古代傳說中掌握生死的星宿。此處借喻為人們命運的掌握者。❸主：主管、主宰。

【譯　文】

所以，用兵作戰以勝任裕如，舉兵必克為貴，不主張力不從心，僵持消耗。深知用兵之法的將帥，是民眾命運的掌握者，是國家安危的主宰啊！

卷三 謀攻篇

謀攻篇

第三

導讀

本篇著重論述謀劃進攻的原則。孫子認為，「不戰而屈人之兵」，「必以全爭於天下」，為謀攻的最高原則；主張以優勢兵力與敵作戰，反對弱小軍隊的硬拼；指出了慎擇良將，充分發揮良將的主動性對於取得戰爭的勝利、對於國家安危的極端重要性；進而從預測勝利的途徑歸納出「知己知彼，百戰不殆」這一軍事科學的至理名言。

孫子所謂「百戰百勝，非善之善者也；不戰而屈人之兵，善之善者也」是極而言之，意在提醒用兵者時刻不忘追求最高的謀攻原則和最好的用兵效果，強調不要一味貪求交兵取勝，以避免或減少戰爭損失，並非否定「百戰百勝」，而是要求「百戰百勝」的將軍們有一副更加精明的頭腦。

孫子的這一謀攻原則，不但在優勢兵力的條件下可充分使用，即或在劣勢情況下也可使用。《左傳·僖公三十年》燭之武退秦師便是「伐謀」、「伐交」，「不戰而屈人之兵」的範例。

孫子曰：凡用兵之法，全國為上，破國次之❶；全軍為上❷，破軍次之；全旅為上❸，破旅次之；全卒為上❹，破卒次之；全伍為上❺，破伍次之。是故百戰百勝，非善之善者也❻；不戰而屈人之兵，善之善者也❼。

【注釋】

❶全國為上，破國次之：未訴諸兵刃使敵舉國屈服是上等用兵策略，經過交戰攻破敵國使之降服是次一等用兵策略。曹操注：「興師深入長驅，距其城廓、絕其內外，敵舉國來服為上；以兵擊破，敗而得之，其次也。」全：形容詞用如動詞，使動用法。意謂「使……全服」。上：上策，即策之上者。❷軍：《周禮・地官・小司徒》「五師為軍」鄭注：「軍，萬二千五百人。」曹操、杜牧注：「《司馬法》曰：一萬二千五百人為軍。」❸旅：《說文》：「五百人為旅。」曹操曰：「五百人為旅。」❹卒：古兵制單位，百人為卒。卒長亦稱百夫長。《周禮・地官・小司徒》：「五人為伍，五伍為兩，四兩為卒。」❺伍：古代最基本的軍制單位，五人為伍。從「軍」至「伍」乃擇其要泛指軍中各種編制單位。西周規定的軍制見《周禮》，《周禮・夏官・司馬》：「凡制軍，萬有二千五百人為軍。王六軍，大國三軍，次國二軍，小國一軍。軍將皆命卿。二千有五百人為師，師帥皆中大夫。五百人為旅，旅帥皆下大夫。百人為卒，卒長皆上士。二十五人為兩，兩司馬皆中士。五人為伍，伍皆有長。」至春秋時，各諸侯國軍制並不全同《周禮》。❻百戰百勝，非善之善者也：百戰百勝固善，然終有殺傷、耗損，故非善之善者。❼不戰而屈人之兵，善之善者也：未戰而使敵之兵屈服，既自保又全勝，方為善之至善者。

【譯　文】

孫子說：大凡用兵的原則，使敵舉國不戰而降是上策，擊破敵國使之降服是次一等用兵策略；使敵全軍不戰而降是上策，擊破而取勝是次一等用兵策略；使敵全旅不戰而降是上策，擊破敵旅而取勝是次一等用兵策略；使敵全卒不戰而降是上策，擊破敵卒使之降服是次一等策略；使敵全伍不戰而降是上策，擊破敵伍而取勝是次一等策略。因此，百戰百勝，並非好的用兵策略中最好的，不交戰而使敵屈服，才是用兵策略中最好的。

故上兵伐謀❶，其次伐交❷，其次伐兵❸，其下攻城❹。攻城之法為不得已。修櫓轒轀❺，具器械❻，三月而後成，距闉又三月而後已❼。將不勝其忿而蟻附之❽，殺士三分之一而城不拔者，此攻之災也。

【注　釋】

❶上兵：高明的用兵方略。伐謀：伐以謀，即以謀伐之。伐：戰勝。上兵伐謀：言上等的用兵策略是以謀略取利，「不戰而屈人之兵」。曹操注：「敵始有謀，伐之易也。」此釋義似未妥。❷其次：次一等。其，指示代詞，指代前之「伐謀」。伐交：伐以交。以外交途徑戰勝敵人，散敵之聯盟，固己之交與，亦為「不戰而屈人之兵」。陳皞、張預等以為「交」謂伐於兩軍交合，予謂此不能作為一種策略方式提出，況後文〈軍爭篇〉有「不知諸侯之謀者，不能豫交」。故「交」以「外交」釋為善。❸其次伐兵：再次的方略是興兵以武力征伐爭

勝於敵人。其：指代「伐交」。伐兵：即訴諸武力。❹其下攻城：其中最下等的用兵方略是攻城。其：指示代詞，其中。乃統言諸用兵方略。❺櫓：此為攻城中用以偵察敵城的望樓車，或巢車。望樓車、巢車名異，形制稍有別，而實為一物，春秋時創始。巢車上有用轆轤升降的瞭望臺，臺上置板屋，旁開十二孔以偵察四方，人在臺中如鳥在巢中，故名巢車。望樓車形制更簡易，四輪車上豎桿，桿端置板屋。巢、樓、櫓之名均對車之望樓（板屋）而言。《左傳・成公十六年》：「楚子登巢車以望晉軍。」杜預注：「巢車，車上為櫓。」巢，《說文》作轈，云兵車高如巢以望敵也。」孔穎達《正義》曰：「《說文》云轈，兵高車加巢以望敵也。櫓，澤中守草樓也。是巢與櫓均是樓之別名。」《三國志・魏書・袁紹傳》：「（袁）紹為高櫓，起土山射營中，營中皆蒙楯，衆大懼。太祖乃為發石車，擊紹樓，皆破。」按：前言「高櫓」，後言「樓」，實一物，即袁紹之望樓車。孫子將「櫓」與「轒轀」連言，二者均為攻城所用兵車。轒轀：古代攻城用的四輪車，用排木製作，外蒙生牛皮，下可藏十數人，主要用來運土石填城隍（護城溝，有水為池，無水為隍）。杜牧注：「轒轀，四輪車，排大木為之，上蒙以生牛皮，下可容十人，往來運土填塹，木石所不能傷，今俗所謂木驢是也。」李筌曰：「轒轀者，四輪車也。其下藏兵數十人，填隍推之，直就其城，木石所不能壞也。」❻具器械：置備攻城的各種器用、械具。具：修置、準備。上句舉其要，該句統言之。❼距闉：為攻城而堆積的向敵城推進的土丘，堆積用來觀察敵情，攻擊守城之敵，既可於上施放火器，又便於登城，是古代攻城必修之工事。杜佑：「距闉者，踊土積高而前，以附於城也。積土為山曰堙，以距敵城，觀其虛實。」闉，通「堙」。❽蟻附：衆士兵攀牆登城稱為蟻附。蟻：名詞用如狀語，意為「如蟻一樣……」。

【譯　文】

因而，最好的用兵策略是以謀略勝敵，其次是以外交手段勝敵，再其次是通過野戰交兵勝敵，最下等的是攻城。攻城是在不得已的情況下才採取的（辦法）。為了攻城，修造望樓車、轒轀車，準備各種攻城器械，三個月才能完成；堆積攻城的土丘，又需三個月才能完成。這時，將帥們已焦躁憤怒異常了，驅趕著士兵像螞蟻一樣去爬城，士卒傷亡三分之一而城還不能攻下，這便是攻城的災害啊！

故善用兵者，屈人之兵而非戰也，拔人之城而非攻也，毀人之國而非久也，必以全爭於天下❶。故兵不頓而利可全❷，此謀攻之法也。

【注釋】

❶全：同「全國為上」之「全」，即「使敵全服」的原則。❷兵不頓：兵刃不鈍，兵鋒未損。以喻戰鬥力未損，士氣未挫。頓：通「鈍」。《史記・賈誼傳》「莫邪為頓兮」作「頓」，而《文選・弔屈原賦》此句則作「鈍」。

【譯文】

因此，善於用兵的人，使敵軍屈服而不用野戰交兵的辦法，奪取敵城不用蟻附攻城的辦法，消滅敵國而不採用長久用兵的辦法。一定本著不訴諸兵刃就使敵完整地屈服的原則爭橫天下，做到軍隊不受挫而勝利可全得，這便是謀攻的原則。

故用兵之法，十則圍之❶，五則攻之，倍則分之，敵則能戰之❷，少則能逃之❸，不若則能避之。故小敵之堅，大敵之擒也❹。

【注釋】

❶此句「十」與下幾句「五」、「倍」、「敵」、「少」、「不若」，皆言我與敵較，我所處的力量地位。「十」即十倍於敵。此言可以是絕對優勢，但非一定為實數之十倍。「圍」、「攻」、「分」、「戰」、「逃」、「避」，乃據一定的敵我情勢採取的相應對策。❷倍則分之，敵則能戰之：倍，比敵人多一倍。敵：即「匹敵」。言有多一倍於敵之力量則可分割敵人而消滅之，雙方勢力大體均等則可以抗擊。楊炳安《孫子會箋》謂當為「倍則戰之，敵則能分之」，且「能」訓「乃」。按：此說有一定道理。然「分」與「戰」字形字音相去甚遠，一般不會誤寫；兩句相連，字數不多，一般也無錯簡可能。故孫子原本當本如此。「戰」以上幾句均言戰，「戰」以下兩句言不戰，此句與上下文聯繫起來就是「戰」與「不戰」的分界線，看是「匹」之上還是「匹」之下。「匹」之上則採取「圍」、「攻」、「分」之法；「匹」之下則「逃之」、「避之」；「匹」則可與戰，然非必戰，此為「戰」之最起碼條件。「能」者，非必也，只是「勉強可以」之謂。或謂：這不違反了孫子一貫主張的集中優勢兵力以殲滅敵人的原則？其實不然。「少」、「不若」不戰，「倍」以上直不待言，均符合這個原則。然而，在冷兵器時代，在相互匹敵時，並非在所有條件下都可分，且在許多條件下「分」後亦為「匹」，在此種條件下，是處於可戰可不戰之間，須相機而行。若必須交戰，「匹敵」是最起碼的必要條件，能匹敵，經努力還可能戰勝敵人，至少不至大敗。後幾句之所以加「能」，自是不「必」。因為若有天時、地利或人謀的絕對優越的條件何以「必」「逃之」、「避之」？此各句均就一般條件下依力量從原則上言之。因而，「敵則能戰之」並不違反孫子以絕對優勢兵力殲敵的原則。❸逃：與下文「避」異文同義，指主動地採取不與敵爭鋒的辦法。並非消極地逃跑。❹小敵之堅，

大敵之擒也：言只知固執硬拚的小敵，必為大敵所擒。之：訓「若」。堅：固執、頑固、非指堅實，其感情色彩非褒。後「之」訓「則」。即小敵若堅，大敵則擒矣。兩「敵」字，指對抗雙方。

【譯文】

根據用兵規律，有十倍於敵人的兵力就包圍殲滅敵人，有五倍於敵人的兵力就猛烈進攻敵人，有多一倍於敵人的兵力就分割消滅敵人，有與敵相當的兵力則可以抗擊，比敵人兵力少時能夠擺脫敵人，不如敵人兵力強大就避免與敵爭鋒。小股兵力如果頑固硬拚，就會被強大的對方俘獲。

夫將者，國之輔也❶。輔周❷，則國必強；輔隙❸，則國必弱。

【注釋】

❶國之輔：國君的輔佐。李筌曰：「輔，猶助也。」❷周：密也，圓滿之謂。此言將之德才兼備，輔助國君周到備至。❸隙：缺也，疏漏之謂。此言將領佐君不周，有疏漏。

【譯文】

將帥，是國君的輔佐。輔佐得周密，國家就強盛；輔佐有疏漏，國家必然衰弱。

故君之所以患於軍者三❶：不知軍之不可以進而謂之進❷，

不知軍之不可以退而謂之退，是謂「縻軍」❸；不知三軍之事❹，而同三軍之政者，則軍士惑矣；不知三軍之權❺，而同三軍之任❻，則軍士疑矣。三軍既惑且疑，則諸侯之難至矣❼，是謂「亂軍引勝」❽。

【注　釋】

❶患：作動詞，為患、貽害。❷謂之進：使之進，命令他們前進。❸縻軍：《新注》：「束縛軍隊，使軍隊不能根據情況相機而動。縻，羈縻，束縛。」得之。❹不知三軍之事：三軍，此泛言軍隊。《通典》作「軍中」。同：共也。這裡指參與、干涉。政：政事，指軍中行政事務。曹操注：「軍容不入國，國容不入軍，禮不可以治兵也。」梅堯臣注：「不知治軍之務而參其政，則眾惑亂也。曹公引《司馬法》曰：『軍容不入國，國容不入軍』是也。」❺權：權變，權謀。不知三軍之權：言不通於作戰權謀之道。❻任：職任，即指揮。梅堯臣注：「不知權謀之道，而參其任用，其眾疑貳也。」王晳曰：「使不知者同之，則動有違異，必相牽制也，則軍眾疑惑矣。」❼諸侯之難：諸侯國乘其軍士疑惑，起而攻之的災難。❽亂軍：自亂其軍。引勝：失去勝利。引：奪走，喪失。曹操注：「引，奪也。」《說文》：「奪，手持隹失之也。」

【譯　文】

君主對軍隊造成危害的情況有三個方面：不懂得軍隊不可以前進而命令他們前進，不懂得軍隊不可以後退而命令他們後退，這叫束縛、羈縻軍隊；不懂軍中事務卻干涉軍中行政管理，那麼，軍士就會迷惑；不知軍中權謀之變而參與軍隊指揮，那麼將士就會疑慮。如果三軍將士既迷惑又疑慮，諸侯乘機起而攻之的災難就到來了，這就叫自亂其軍而喪失了勝利。

故知勝有五❶：知可以戰與不可以戰者勝，識眾寡之用者勝❷，上下同欲者勝❸，以虞待不虞者勝❹，將能而君不御者勝❺。此五者，知勝之道也。

【注　釋】

❶知勝：預測勝利。❷識眾寡之用：懂得眾與寡的靈活運用。眾寡之用：即用眾、用寡，古兵法術語，猶今之指揮大兵團與指揮小分隊。張預曰：「用兵之法，有以少而勝眾者，有以多而勝寡者，在乎度其所而不失其宜則善。如吳子所謂用眾者務易，用少者務隘也。」得之。❸上下同欲：上下一心，猶「民與上同意」。欲：慾望。張預曰：「百將一心，三軍同力。」❹虞：度也，備也。《爾雅・釋言》：「虞，度也。」《國語・晉語四》：「衛文公有邢、翟之虞，不能禮焉。」韋(昭)注：「虞，備也。」❺御：《新注》：「駕御，這裡指牽制、干預的意思。」是。君不御：言君主不得牽制、干預。《淮南子・兵略訓》：「古者，將已受斧鉞，答君曰：國不可從外治，軍不可從中御也。」梅堯臣注：「自閫以外，將軍制之。」《六韜・立將》：「武王問太公曰：立將之道奈何？太公曰……君親操鉞，持首，授將其柄，曰：從此上至天者，將軍制之。復操斧，持柄，授將其刃，曰：從此下至淵者，將軍制之……將已受命，拜而報君曰：臣聞國不可從外治，軍不可從中御。二心不可以事君，疑志不可以應敵。臣既受命，專斧鉞之威，臣不敢生還，願君亦垂一言之命於臣。」《淮南子》所引、梅注均本於《六韜》，孫子「將能而君不御」，「君命有所不受」的思想亦源於此。

【譯文】

預測勝負有五個方法：懂得什麼條件下可以戰，什麼條件下不可以戰的，勝；懂得眾與寡的靈活運用的，勝；上下一心，同仇敵愾的，勝；以有準備之軍擊無準備之敵的，勝；將領富於才能而君主又不從中干預牽制的，勝。這五條就是預知勝負的途徑。

故曰：知彼知己者，百戰不殆❶；不知彼而知己，一勝一負❷；不知彼，不知己，每戰必殆。

【注釋】

❶知彼知己者，百戰不殆：是孫子千古名言之一，為古今中外軍事家、政治家所傳誦並實踐。殆：危險。《爾雅・釋詁》：「殆，危也。」❷一勝一負：杜佑曰：「勝負各半。」

【譯文】

因此，可以說：了解對方也了解自己的，百戰不敗；不了解對方而了解自己的，勝負各半；不了解對方，也不了解自己的，每戰必敗。

卷四 形篇

形篇

第四　導讀

本篇論述了有關軍事實力「形」❶的一系列論題。

首先，作者主張「先為不可勝，以待敵之可勝」，「勝兵先勝而後求戰」，主張爭取勝利要建立在自己實力強大，不可戰勝的基礎上，打有準備、有把握之仗。

第二，論述了戰爭中的「隱形」問題。孫子認為，戰爭要靠強大的軍事實力，但為了更有效地打擊敵人，又需要隱蔽自己的實力，使敵人茫然而產生錯覺。所以善守者要使敵人無形可窺，不知何所致；善攻者要使敵人措手不及，不知何所拒；這樣才能「自保而全勝」。

第三，孫子主張以絕對優勢之「形」勝敵於未萌，勝敵於易勝，勝敵於必然。用兵則必勝任裕如，舉兵必克，而不主張打艱苦持久、勝負未卜的消耗戰。這些觀點，在今天仍是值得借鑑的。

註❶形：是《孫子兵法》中一個極為重要的概念。它含有軍隊形制、規模、實力等意思。這個概念是春秋時期「形名」說在軍事上的應用，已成為古代兵法的術語。

孫子曰：昔之善戰者，先為不可勝❶，以待敵之可勝❷。不可勝在己，可勝在敵❸。故善戰者，能為不可勝❹，不能使敵之可勝❺。故曰：勝可知而不可為❻。

【注　釋】

❶不可勝：不可戰勝。言有充分條件和實力，敵絕不可能戰勝我。王晳曰：「不可勝者，修道保法也。」使自己立於不敗之地。❷可勝：可以戰勝，言敵人可以被我戰勝。以下「不可勝」、「可勝」均為此特定含義。❸不可勝在己，可勝在敵：楊炳安《孫子會箋》：「言創造不可被敵戰勝之條件，乃屬於我方主觀努力之事；然敵方是否具有可能被我戰勝之條件，則非我主觀意願所決定，因敵亦力爭「不可勝」，故「可勝」乃屬敵方之事。」善。❹能為不可勝：能造成自己不可被敵戰勝的條件。❺不能使敵之可勝：一作「不能使敵之必可勝」（如《武經七書本》）。可從。賈林曰：「敵有智謀，深為己備，不能強令不己備。」梅堯臣曰：「在己故能為，在敵故無必。」皆善。此言我不能強令敵人一定具有可能被我戰勝之條件，所以如此者，敵亦力爭「不可勝」故也。❻勝可知，而不可為：言勝利是可以預測的，但不可憑主觀願望強求。為：這裡指客觀條件不成熟時——敵未出現「可勝」之機——單憑主觀願望去強求。梅堯臣曰：「敵有缺，則可知；敵無缺，則不可為。」善。

【譯　文】

孫子說：古代善於指揮作戰的人，總是先創造條件使自己處於不被戰勝的地位，然後等待敵人能被我戰勝的時機。做到不被戰勝，關鍵在於自己創造充分的條件；可以戰勝敵人，關鍵在於敵人出現可乘之隙。因而，善於作戰的人，能做到自己不被戰勝，不能使敵人一定被我戰勝。所以說，勝利可以預測，但不可強求。

不可勝者，守也❶；可勝者，攻也❷。守則不足，攻則有餘❸。善守者，藏於九地之下；善攻者，動於九天之上❹，故能自保而全勝也❺。

【注釋】

❶不可勝者，守也：有了不被戰勝的條件，就可以守了。這時才守之必固。言下之意，未做到「不可勝」還不能「守」，更毋言「攻」，攻之前要「先為不可勝」。此句《新注》作「當我不可能戰勝敵人時，應進行防守。」改變了「不可勝」的概念內涵。楊炳安《孫子會箋》云：「前已言『先為不可勝』、『能為不可勝』，均指我不可被敵戰勝之條件，而此『不可勝』則又指我不可勝敵，何反覆若是耶？故此句之『不可勝』其義仍當同前，均指我不可被敵戰勝之條件。」又，《武經七書注釋》作「不會被敵人戰勝的原因是做好了防守的準備。」吳如嵩《淺說》作「不被敵人戰勝，就要採取防禦。」郭化若《孫子今譯》作「使敵不能勝我，這是屬於防守方面的事。」並存之。❷可勝者，攻也：言敵人若有可能被我戰勝之條件，則進攻之。❸守則不足，攻則有餘：此句漢簡作「守則有餘，攻則不足」，且漢人言兵法者多言攻不足守有餘，與漢簡本一致。《漢書・趙充國傳》：「臣聞兵法，攻不足者守有餘。」《後漢書・馮異傳》：「夫攻者不足，守者有餘。」又《潛夫論・救邊》：「攻常不足而守恆有餘也。」又明茅元儀《武備志》：「約束已定，需備已具，隨其所攻，應之裕如。以此待敵，所謂有餘於守也。先哲成法不可廢矣。」循孫子上下文意，「先為不可勝」、「不可勝者，守也」，「守」幾為「不可勝」的同義語，「不可勝」是「攻」的我方前提條件，只有在不可戰勝，力有裕如的情況下，方能待敵一出現「可勝」之隙便立即進攻。「不可勝在己，可勝在敵」，一個針對自己的條件講，一個針對敵方條件講，換言之，守在己，攻在敵。故以「守則有餘，攻則不足」為善。本句意謂：守，應做到不被戰勝，力有餘裕；攻，要針對敵方不足，舉兵必克。❹九

地、九天：古人常以三、六、九極言其多，九尤其用來表數之極限。九地：即極深的地下；九天，即極高的天空。善守者藏於九地之下：言善守者深祕隱蔽，使人無形可窺，彷彿藏於極深的地底。善攻者，動於九天之上：言善於進攻的人攻其無備，使敵方覺得神兵天將，迅雷不及掩耳，不知攻者從何而來。杜牧曰：「守者，韜聲滅迹，幽比鬼神，在於地下，不可得而見之；攻者，勢迅聲烈，疾若雷電，如來天上，不可得而備也。九者，高、深數之極。」梅堯臣曰：「九地言深不可知，九天言高不可測，蓋守備密而攻取迅也。」張預曰：「藏於九地之下，喻幽而不可知也；動於九天之上，喻來而不可備也。」皆善。

❺自保而全勝：保全自己又能獲取完全的勝利。能「先為不可勝」，故能自保，又祕於地、遂於天，攻其無備，故能全勝。

【譯文】

有了不被戰勝的條件，就可以守；敵方出現了可勝之隙，就可以攻。守，應依靠自己不被戰勝，力有裕如；攻，要針對敵方弱點、不足，舉兵必克。善於防守的人，如同深藏於地底，使敵人無形可窺；善於進攻的人，如同神兵自九天而降，使敵措手不及。因而，既能有效地保全自己，又能獲取全面的勝利。

見勝不過眾人之所知，非善之善者也❶；戰勝而天下曰善，非善之善者也❷。故舉秋毫不為多力❸，見日月不為明目，聞雷霆不為聰耳。古之所謂善戰者，勝於易勝者也❹。故善戰者之勝也，無智名，無勇功❺。故其戰勝不忒❻，不忒者，其所措必勝，勝已敗者也❼。故善戰者，立於不敗之地，而不失敵之敗也❽。是故勝兵先勝而後求戰，敗兵先戰而後求勝。善用兵者，修道而保法，故能為勝敗之政❾。

【注釋】

❶見勝不過眾人之所知，非善之善者也：言預見勝負不高出眾人的水準，不算是高明者。見、知二字互文，均為預見、預知之意。❷戰勝而天下曰善，非善之善者也：力戰而勝之，天下人都說好，不算好中最好的。因為訴諸兵刃，浴血而勝，天下才曰善，既未見微察隱，取勝於無形，又未「不戰而屈人之兵」，故曰「非善之善者也。」曹操注：「交爭勝也。」太公曰，爭勝於白刃之口，非良將也。」李筌曰：「爭鋒力戰，天下易見，故非善也。」王晳曰：「以謀屈人則善矣。」張預曰：「若見微察隱，取勝於無形，則真善者也。」皆是。❸秋毫：獸類於秋天新長出的極纖細的毛稱秋毫，用以喻極輕細之物。毫：毛。❹勝於易勝者也：言勝於敵勢未張之時，勝於業已處於失敗地位之敵，此用力微而取勝全。杜牧曰：「敵人之謀，初有萌兆，我則潛運以攻之，用力既少，制勝既微，故曰易勝也。」張預曰：「交鋒接刃而後能制敵者，是其勝難也。見微察隱而破於未形者，是其勝易也。故善戰者常攻其易勝，而不攻其難勝也。」❺無智名，無勇功：見微察隱，勝敵於易勝，眾不能知，故大智者反無智者；勝敵於易勝，勝敵於敵勢未張，自保而全勝者因用力微、眾不能知，反無勇功。曹操曰：「敵兵形未成，勝之無赫赫之功也。」李筌曰：「勝敵而天下不知，何智名之有？」杜牧曰：「勝於未萌，天下不知，故無智名；曾不血刃，敵國已服，故無勇功也。」皆善。❻忒：漢簡作「貸」，古二字通。忒，差。不忒，不差。❼勝已敗者也：勝那已處於失敗地位的敵人。梅堯臣曰：「睹其可敗，勝則不差。」❽不失敵之敗也：言不放過任何一個可打敗敵人的時機。王晳曰：「常為不可勝，待敵可勝，不失其機。」是。❾道：政

治。〈計篇〉：「道者，令民與上同意也。」法：用兵之原則、法度。故能為勝敗之政：漢簡作「故能為勝敗正」。其用法與《管子・水地》：「龜生於水，發之於火，於是為萬物先，為禍福正」及《老子》：「清淨為天下正」用法相同。古人多假正為政《漢書・陸賈傳》：「秦失其正」即「秦失其政」。楊炳安曰：「『勝敗之政』即言勝敗之主，實指勝敗之主動權。」「正」為「主」、「權威」之意。「能為勝敗之政」即言能操勝券。

【譯文】

預見勝利不超過一般人的見識，不算高明中最高明的；經過力戰而勝，天下人都說好，也不算好中最好的。就像舉起秋毫不算力大，看見太陽、月亮不算眼明，聽見雷霆不算耳聰一樣。古代善戰的人，總是取勝於容易戰勝的敵人。因而，這些善戰者的勝利，既沒有智謀的名聲，也沒有勇武的功勞。他所進行的戰爭的勝利是不會有絲毫誤差的，之所以沒有誤差，是因為他們所進行的戰鬥舉動是必勝的，是戰勝那已處於失敗地位的敵人。善於作戰的人，總是自己先立於不敗之地，而不放過任何一個打敗敵人的時機。因此，勝利之師是先具備必勝條件然後再去交戰，失敗之師總是先同敵人交戰，然後期求從苦戰中僥倖取勝。善於用兵的人，總是注意修明政治，確保治軍法度，所以能成為戰爭勝負的主宰。

兵法：一曰度❶，二曰量❷，三曰數❸，四曰稱❹，五曰勝❺。地生度，度生量，量生數，數生稱，稱生勝❻。故勝兵若以鎰稱銖❼，敗兵若以銖稱鎰。勝者之戰民也❽，若決積水於千仞之谿者❾，形也。

【注釋】

❶度：《禮·明堂位》：「度為丈尺、高卑、廣狹也。」賈林曰：「丈尺也。」此言土地幅員。❷量：《漢書·律曆志》：「量者，龠、合、升、斗、斛也，所以量多少也。」賈林曰：「人力多少，倉廩虛實。」王晳曰：「㪷斛也。」此言物資多少。❸數：猶「氣數」、「計數」之數，《管子·七法》：「剛柔也，輕重也，大小也，實虛也，多少也，謂之計數。」賈林曰：「算數也。以數推之，則眾寡可知，虛實可見。」王晳曰：「百千也。」此言部隊戰鬥實力的強弱，兵員的眾寡。❹稱：《楚辭·惜誓》：「苦稱量之不審兮」注：「稱所以知輕重。」賈林曰：「既知眾寡，兼知彼我之德業輕重，才能之長短。」王晳曰：「權衡也。」此言敵我雙方實力的對比。❺勝：指勝負優劣的情實。曹操曰：「勝敗之政，用兵之法，當以此五事稱量，知敵之情。」❻本篇談軍事實力之「形」，主張以強大之「形」勝弱之「形」。形產生於軍賦，軍賦產生於國家土地之廣狹，物質之多少等，用兵者不能不從一個國家的軍事實力的這幾個方面分析軍隊之「形」。又《新注》分別注為「忖度、判斷」、「戰場容量」、「兵力數量」、「權衡」、「勝負」。郭化若與《武經七書注釋》認為：度為計算國土面積，量為面積的大小，數為具體數目，稱者雙方力量優劣。吳如嵩、陶漢章同《新注》，並存之。❼銖：古代計量單位，二十四銖為一兩。鎰，古代計量單位，二十四兩為一鎰，合五百七十六銖。以鎰稱銖或以銖稱鎰，皆喻兵力輕重眾寡之對比的懸殊。❽戰民：《尉繚子·戰威》：「夫將之所以戰者，民也。」此言統帥指揮部眾與作戰。❾仞，古代計量單位。一仞為八尺，一說七尺。谿：《集韻》：「山瀆無所道，或從水。」《爾雅·釋山》：「山瀆無所通，谿。」《左傳·隱公三年》「澗谿沼沚之毛」注：「谿，亦澗也。」此句言於千仞之谿決積水，以喻兵之形。杜牧曰：「夫積水在千仞之谿，不可測量，如我之守不見形也。及決水下，湍浵奔注，如我之攻不可御也。」梅堯臣曰：「水決千仞之谿，莫測其迅；兵動九天之上，莫見其

跡。此軍之形也。」

【譯　文】

用兵必須注意：一是土地幅員，二是軍賦物資，三是部隊兵員戰鬥實力，四是雙方力量對比，五是勝負優劣。度產生於土地幅員的廣狹，土地幅員決定軍賦物資的多少，軍賦物質的多少決定兵員的數量，兵員數量決定部隊的戰鬥力，部隊的戰鬥力決定勝負優劣。所以勝利之師如同以鎰對銖，是以強大的軍事實力取於弱小的敵方；敗亡之師如同以銖對鎰，是以弱小的軍事實力對抗強大的敵方。高明的人指揮部隊作戰，就像決開千仞之高的山澗積水一樣，一瀉萬丈，這就是強大軍事實力啊！

卷五 勢篇

勢篇

第五

導讀

本篇是孫子軍事指揮理論的精華。

《呂氏春秋・慎勢》說「孫臏貴勢」，兵法上「勢」的思想建立者是孫武。孫武的所謂「勢」，就是指揮員在充分運用已有客觀條件的基礎上，最大限度地發揮主觀能動性，巧出奇正，巧用虛實，出敵不意，最終造成一種對敵要害部位具有致命威懾力量的險峻的戰爭態勢，這一過程為造勢；在「勢」形成的最佳時刻，發起攻擊，即任勢。任勢之機，孫子稱之為「節」。「節」為任勢之關鍵，有「勢」無「節」，「勢」必白費。

孫武認為，作為指揮員，追求戰爭勝利應「求之於勢，不責於人」，把「勢」提到了指揮藝術的最高峰。

孫子曰：凡治眾如治寡❶，分數是也❷；鬥眾如鬥寡❸，形名是也❹；三軍之眾❺，可使必受敵而無敗者❻，奇正是也❼；兵之所加❽，如以碫投卵者❾，虛實是也❿。

【注　釋】

❶治：治理，這裡指治理軍隊。眾：大部隊。寡：小部隊。此句言治理大部隊與治理小部隊的基本原理一樣。《吳子．論將》：「理者，治眾如治寡。」❷分數：軍隊的編制與員額。曹操注：「部曲為分，什伍為數」。分數是也：猶言抓住編制、員額有異這個特點就行了。❸鬥眾：指揮大部隊戰鬥。鬥寡：指揮小部隊戰鬥。❹形名：軍隊形制規模與名稱。《尉繚子．制談》：「凡兵制必先定。制先定則士不亂，士不亂則刑(形)乃明。」《孫臏兵法．奇正》：「分定則有刑(形)矣，刑(形)定則有名」，「有刑(形)之徒，莫不可名，有名之徒，莫不可勝」。又曹操注：「旌旗曰形，金鼓曰名。」後人多從其說，未知其據。按：上「治眾」、「鬥眾」二分句參互為文，言治眾鬥眾如治寡鬥寡，基本原理一樣，抓住編制規模名稱與員額之數不同這個特點靈活處置就行了。治眾、鬥眾；治寡、鬥寡；分數、形名皆互文。❺三軍之眾：三軍之部眾。❻必受敵而無敗：即必立於受敵而不敗的地位。❼奇正：是古代兵法中最基本、最常見、極重要的一組對立統一的概念，是古代兵法常用術語，它廣泛應用於謀略、戰法等各個領域。一般說來，一般的、常規的為正，特殊的、變化的為奇；戰術上先出為正，後出為奇，正面為正，側擊為奇，明戰為正，暗襲為奇，一言以蔽之，在人意料之中為正，出人意料之外為奇，能出人意料，便是用奇。《孫臏兵法．奇正》：「奇發而為正，其未發者，奇也。」故奇的根本特點是出敵不意，敵不知覺，待其知覺時為時已晚。然在實際運用中常以奇為正，以正為奇，變化莫測，故後文云「奇正相生」。《唐太宗李衛公問對》卷上：太宗曰：「吾之正，使敵視以為奇，吾之奇，使敵視以為正，斯所謂形人者歟？以奇為正，以正為奇，變化莫測，斯所謂無形者歟？」❽兵之所加：猶言兵之所指，兵之所向。❾碫：磨刀石，此泛指堅硬石塊。以碫投卵：以石擊卵，喻絕對優勢對劣勢，喻以堅擊脆，以實擊虛。❿虛實：古代兵法中常用術語，與「奇正」一樣為古代兵學中辨證的哲學概念。主要用來指揮軍事實力的兩個方面，如強弱、眾寡、勞逸、真偽、有餘不足等。同樣，在實際運用中，兵行詭道，實者虛之，虛者實之，虛虛實實，使敵莫知所

向，然後以實擊虛。

【譯 文】

孫子說：大凡治理大部隊與治理小部隊原理是一樣的，抓住編制員額有異這個特點就行了；指揮大部隊戰鬥與指揮小分隊戰鬥基本原則是一樣的，掌握部隊建制規模及其相應的指揮號令這個特點就行了。統帥三軍兵士，能讓他們一定立於受敵而不敗的地位的話，就在於巧妙地運用奇兵、正兵；軍隊所指之處，像以石擊卵一樣，就在於靈活運用虛實，以實擊虛。

凡戰者，以正合，以奇勝❶。故善出奇者，無窮如天地，不竭如江河❷。終而復始，日月是也❸；死而復生，四時是也❹。聲不過五❺，五聲之變，不可勝聽也❻；色不過五❼，五色之變，不可勝觀也；味不過五❽，五味之變，不可勝嘗也；戰勢不過奇正❾，奇正之變，不可勝窮也❿。奇正相生⓫，如循環之無端⓬，孰能窮之？

【注 釋】

❶以正合，以奇勝：以正兵交合，以奇兵取勝。此言取勝的根本在於用奇。❷善出奇者，無窮如天地，不竭如江河：善於出敵不意的人，他的「奇」是無窮如天地萬物之變化，

不竭如滔滔江河之不絕。張預曰：「言應變出奇，無有窮竭。」❸終而復始，日月是也：言日月運行，入而復出。終：日、月之落。始：始出、始現。❹死而復生，四時是也：此言四季更替。死：指時令過去了。生，指時令又來了。❺聲不過五：古代音階五個：宮、商、角、徵、羽，合稱為五聲，或稱五音。其中宮、徵有變宮、變徵，實際上與現代簡譜七個音階基本相同。❻勝：盡。聽：賞聽，欣賞。❼色不過五：古代原色五種，指青、黃、赤、白、黑。亦稱為正色，其餘為間色。❽味不過五：古代味分酸、甜、苦、辣、鹹五種，以此五味為原味。❾戰勢：此指作戰方式與兵力部署形式。勢：此為形式、方式。❿不可勝窮：乃窮之不盡，猶言無窮無盡。⓫奇正相生：指奇正相互轉化，靈活運用。奇可為正，正可為奇；欲用奇，示敵以正；欲用正，示敵以奇；在一定條件下為正的（如某常規方法），在另一條件下為奇（如敵人以為不會使用）。均屬「相生」。⓬如循環之無端：像順著圓環旋轉那樣沒有盡頭，以喻無窮無盡。端：盡頭。

【譯文】

大凡作戰，以正兵交合，以奇兵取勝。善於出奇制勝的人，他的妙法是豐富多彩、層出不窮的，就像天地萬物的變化無窮，就像江河流水的奔騰不息。周而復始，日月運行就是這樣；去了又來，四季更替就是這樣。音階不過五個，但五個音階融合演奏的音樂卻是賞聽不盡的；原色不過五種，但五種顏色調和繪成的畫圖之美是觀賞不完的；原味不過五種，但五味調配的滋味卻是品嘗不盡的；作戰的基本方式，不外乎奇正兩種，但奇正的變化運用，卻是無窮無盡的。奇與正相互轉化，就像順著圓環旋轉一樣沒有盡頭，有誰能窮盡它呢？

激水之疾，至於漂石者，勢也❶；鷙鳥之疾，至於毀折者，節也❷。是故善戰者，其勢險❸，其節短❹。勢如彍弩❺，節如發機❻。

【注釋】

❶此句謂湍急的流水疾速奔瀉，以至於沖走石頭，這便是勢。作者未對勢下定義，而是以常見的自然物象作比喻，它說明了勢的重要特點之一：具有不可遏止的攻擊力，俗所謂「勢不可當」是也。漂：訓「盪」，搖盪、沖走之意。《文選·長楊賦》「漂昆侖」李善注：「漂，搖盪也。」張預注：「激之疾流，則其勢可以轉巨石也。」亦可。❷上句喻「勢」，本句喻「節」，是從不同的角度為不同概念設喻。李筌注：「彈射之所以中飛鳥者，善於疾而有節制。」善。它注多謂「鷙能搏物，能節其遠近」，失之。按：此言疾飛鷙鳥是快速活動目標，是不易擊中的，可供擊發的時機是暫短的，而之所以被擊中毀折，是準確掌握了擊發之機，以喻任勢之機必須掌握準確。兵無常勢，猶鷙鳥疾飛，在勢形成的最佳時刻必須發起攻擊，這一時機便是節。打活動目標，準確擊發的時刻是稍縱即逝的，時不我待，故下文言其節短，此短是指可供選擇的時間短促，並非指程途短促。❸險：險峻。言力量對比懸殊。❹短：短促。❺彍弩：張滿待發之弓弩。此句喻勢的又一特點：具有絕對強大的致命殺傷力。❻節如發機：言「節」如扣動之機關，一觸即發。「節」掌握準確了，勢即能發揮巨大作用。《說文》：「主發之為機。」即擊發之部件為機。此兩句言勢為張滿之弩，節即為擊發弩之機件——弩牙，均以具體事物喻抽象概念。

【譯文】

湍急的流水疾速奔瀉，以至於能沖走石頭，這便是勢；鷙鳥疾飛，竟至於毀折，這是擊發節奏掌握得準確。因而，善於作戰的人，他所造成的態勢是險峻的，他發動攻勢的節奏是短促的。勢就像張滿待發的弓弩，節就是觸發的弩機。

紛紛紜紜，鬥亂而不可亂也❶；渾渾沌沌，形圓而不可敗也❷。亂生於治❸，怯生於勇❹，弱生於強❺。治亂，數也❻；勇怯，勢也❼；強弱，形也❽。故善動敵者，形之❾，敵必從之❿；予之，敵必取之⓫，以利動之，以卒待之⓬。

【注釋】

❶鬥亂：鬥於亂。言在亂中指揮戰鬥。不可亂也：言指揮若定，行陣不可亂。❷渾渾沌沌：古代認為天地形狀如鳥卵，天包地猶卵包黃，而稱天地形成前的元氣狀態為渾沌，此重言之為渾渾沌沌，形容結為圓陣戰鬥時的混戰狀態。形圓：行陣形制為圓山，即圓陣。圓陣首尾相連，四面外向，旋轉應敵，是利於堅守，難以戰敗的軍陣。六花陣即為圓陣的一種。形圓而不可敗：結為圓陣便不可戰敗啊。❸此以下三句對戰陣雙方而言。治亂、勇怯、強弱皆以雙方相對而言，是相比較而存在的。亂生於治：意謂戰場上甲方比乙方更「治」的話，乙方便顯得亂，且因而愈來愈亂。這就是說一方的「亂」是由對方的「治」所產生。❹怯生於勇：一方的怯懦是由對方的勇武產生。❺弱生於強：一方的「弱」是由對方的「強」產生。❻此以下三句言戰場上呈現的治亂、勇怯、強弱的共同內在決定因素。治亂，數也：言或治或亂是由各自的部隊素質決定的，素質不同「治」之程度不同，相比較則一治一亂。賈林曰：「治亂之分，各有度數。」善。治：嚴整。亂：混亂。數：同《形篇》「兵法：一曰度，二曰量，三曰數」之數。❼勇怯，勢也：勇怯，是由「勢」決定的。處於「彍弩」的地位必然勇，即或怯者也勇三分；處於「彍弩」之的的地位必然怯，即或勇者也怯三分。李筌注：「夫兵得其勢則怯者勇，失其勢則勇者怯。」得之。❽強弱，形也：強弱，是由各自軍事實力表現出來的。❾形之：示之以形。這裡指給敵人以假象。❿從之：跟著採取相應

措施。此言既然戰場表現反映著部隊的情況、素質，那麼高明的指揮員就會故意在戰爭中示人以假象，使對方隨著這個假象作出錯誤的舉動。⓫予之，敵必取之：給予敵人以利益，敵人一定來取。⓬以卒待之：杜牧曰：「以利動敵，敵既從我，則嚴兵以待之。」梅堯臣曰：「則以精卒待之。」一或作「以本待之」，如《武經七書．孫子》。

【譯　文】

人馬攢動，紛紛紜紜，在混戰中指揮戰鬥一定不可使行陣混亂；渾渾沌沌，結為圓陣就不會戰敗。戰場上，一方的混亂產生於對方的嚴整；一方的怯懦產生於對方的勇敢；一方的弱小產生於對方的強大。或嚴整或混亂，是由各自部隊素質決定的；或勇或怯，是由各自所處態勢決定的；或強或弱，是由各自的軍隊實力表現出來的。因而，善於使敵人妄動的高明的指揮員，就善於故意給對方以假的表象，敵人就會根據這個假象作出相應的錯誤舉動；給敵人一點利益，敵人就一定來取。以小利來調動敵人，以嚴整的伏兵來等待敵人進入圈套。

故善戰者，求之於勢，不責於人❶，故能擇人而任勢❷。任勢者，其戰人也❸，如轉木石。木石之性，安則靜❹，危則動❺，方則止，圓則行。故善戰人之勢，如轉圓石於千仞之山者，勢也❻。

【注　釋】

❶不責於人：不苛求部下。《說文》：「責，求也。」❷擇人而任勢：《新注》：「擇，選擇；任，任用，利用。這句是說，挑選合適人材，充分利用形勢。」或曰，擇，釋，舍也。與「求之於勢，不責於人」語意一致。並存之。按：《新注》「充分利用形勢」未妥，孫子之「勢」不能以「形勢」代，尤其是用現代漢語。❸戰人：同《形篇》之「戰民」，言統率士兵與敵作戰。❹安：平地。❺危：高峭之地。❻楊炳安《孫子會箋》：「此句，《菁華錄》作『故善戰人之勢，如轉圓石於千仞之山；轉圓石於千仞之山者，勢也』，並肯定原文無迭句『當係脫文無疑』，且責孫校『於此不補正而仍之，亦太疏略矣』。查上篇末句句式與此全同。按迭句固善，唯古人行文簡略，語法邏輯亦未必全合現代要求，意猶未盡，須於言外補之，明其真義之所在即可，非不得已，似不必輕易改動原文。」甚當。迭句於文意大善，然不必改動原文，理解自是如之。

【譯文】

因此，高明的指揮員，總是從自己造「勢」中去追求勝利，而不苛求部下以苦戰取勝。因而，他能恰當地選擇人材巧妙地任用「勢」。善於任用「勢」的人，他指揮軍隊作戰，就像轉動木、石一樣。木、石的稟性，置於平地則靜止，置於高峭之地則滑動；方形靜止，圓形滾動。善於指揮作戰的人所造成的態勢就像從千仞之高的山上滾下圓石一樣。這便是兵法上的「勢」。

卷六 虛實篇

虛實篇

第六

導讀

本篇論述戰略謀劃與戰術用兵上的虛實問題。

孫子認為「兵之所加，如以碫投卵者，虛實是也」。本篇對此作了專章論述。

第一，要牢牢掌握戰略戰術上的主動權，「致人而不致於人」這是用兵的根本原則之一。能「致人而不致於人」，「佚者勞之」，「我專而敵分」，便能化敵之實為虛，變己之虛為實，從而以實擊虛；能做到「致人而不致於人」，便能有效地「避實擊虛」，便能使敵不知其所守，亦不知其所攻，而我則能隨心所欲，攻守自如，無往不勝。

第二、必須全面地、不斷地、深入地掌握敵我雙方不斷變化著的情況，除了戰前的必要掌握之外，戰爭中還要採取「策之」、「作之」、「形之」、「角之」等種種手段掌握敵情，探明虛實，以便「因敵變化」，「應形於無窮」。

第三、要「因形而錯(措)勝於眾，眾不能知」，虛者實之，實者虛之，虛虛實實，使敵「深間不能窺，智者不能謀」，眾人亦「莫知吾所以制勝之形」。

孫子曰：凡先處戰地而待敵者佚❶，後處戰地而趨戰者勞❷，故善戰者，致人而不致於人❸。能使敵人自至者，利之也；能使敵人不得至者，害之也。故敵佚能勞之❹，飽能飢之，安能動之。

【注　釋】

❶此句漢簡作「先處戰地而侍(待)戰者失」。失：即「佚」，同「逸」。此句言兩軍交戰，凡先據戰地者，可使自己處於士馬閒逸的主動地位。張預曰：「形勢之地，我先據之，以待敵來，則士馬閒逸，而力有餘。」❷趨：奔赴，古疾行曰趨。趨戰：倉促奔赴應戰。此句言後處戰地而倉促應戰者士馬勞倦。梅堯臣曰：「先至待敵則力完，後至趨戰則力屈。」張預曰：「便利之地，彼已據之，我方趨彼以戰，則士馬勞倦而力不足。」❸致人而不致於人：言調動敵人而不為敵人所調動。致：招、引之意。《漢書・趙充國傳》所引此語顏注：「致人，引致而取之也；致於人，為人所引也。」❹佚能勞之：言敵若休整良好，我可採取「致人」之法使它勞頓。勞：使動詞，使……勞倦、困頓。

【譯　文】

孫子說：大凡先到達戰地而等待敵人到來就沈穩、安逸，後到達戰地而疾行奔赴應戰就緊張、勞頓。因而，善於指揮作戰的人，總是設法調動敵人而自己不為敵人所調動。能使敵人主動來上鈎的，是誘敵以利；能使敵人不得前來的，是相逼以害。因而，敵若閒逸，可使它勞倦；敵若飽食，可使它飢餓；敵若安穩，可使它動亂。

出其所不趨，趨其所不意❶。行千里而不勞者，行於無人之地也；攻而必取者，攻其所不守也；守而必固者，守其所不攻也❷。故善攻者，敵不知其所守；善守者，敵不知其所攻。微乎微乎❸，至於無形；神乎神乎❹，至於無聲，故能為敵之司命。進而不可禦者，衝其虛也；退而不可追者，速而不可及也。故我欲戰，敵雖高壘深溝❺，不得不與我戰者，攻其所必救也；我不欲戰，畫地而守之❻，敵不得與我戰者，乖其所之也❼。

【注釋】

❶此二句漢簡只有前一句，且為「出於其所必趨」，足其上句為「(佚)能勞之，飽能飢之者，出於其所必(趨也)。」故漢簡本此句上屬，謂何以能「勞之」、「飢之」，其下句即為「行千里」句，屬下段。《太平御覽》亦作「出其所必趨」。這裡依上海古籍出版社《十一家注孫子》本。依此本，此二句合「攻其無備，出其不意」之旨。❷「不攻」，《御覽》作「必攻」，誤。此句意為敵人可能不攻的地方也必防守。杜牧曰：「不攻尚守，何況其攻乎！」梅堯臣

曰：「賊擊我西，亦備乎東。」❸微乎微乎：微妙啊，微妙啊。❹神乎神乎：神奇啊，神奇啊。❺高壘深溝：言工事堅固。壘：壁壘，環圍軍營的土垣。《說文》：「壘，軍壘也。」溝：濠溝。均為防禦工事。❻畫地而守：言指畫地形或畫個界線而守。以喻不作重要設防而守。《新注》：「指不設防就可守住。」❼乖其所之：漢簡作「膠其所之」。乖：違。之：動詞，往。意即改變敵人的行動方向。言敵本該來攻，然我從其他方向以利害相誘逼，敵不得不改變去向，我則能「畫地而守」。膠：《廣雅・釋詁》：「欺也。」《方言》：「詐也。」又常訓「黏泥」。均於文意可通，與「乖」近。

【譯文】

在敵人無法緊急救援的地方出擊，在敵人意想不到的條件下進攻。行軍千里而不勞頓的原因，是行進在敵人無設防的地方；進攻而必取的原因，是進攻敵人不能固守的地方；防守而一定穩固，是在敵人可能不進攻的地方設兵防守。因而，善於進攻的人，敵人不知該於何處設防；善於防守的人，敵人不知該於何處進攻。微妙啊，微妙啊，達到了無形可窺的境界；神奇啊，神奇啊，以至於不露一絲聲息的程度，因而能成為敵人命運的主宰者。進攻而敵方不可抵禦，那是衝擊在敵人的薄弱環節；撤退而敵人不可追及，那是行動神速，敵人追之不及。我想與敵交戰，雖然敵人高築防禦工事也不得不出來與我交戰，是因為我攻擊它必然要救援的地方；我不想同敵交戰，只要在地上畫個界線便可守住；敵人無法與我交鋒，是因為我設法調動它，使它背離所要進攻的方向。

故形人而我無形❶，則我專而敵分❷；我專為一，敵分為十，是以十攻其一也，則我眾而敵寡；能以眾擊寡者❸，則吾之所與戰者約矣❹。吾所與戰之地不可知，不可知，則敵所備者多；敵所備者多，則吾所與戰者寡矣。故備前則後寡，備後則前寡；備左則右寡，備右則左寡❺；無所不備，則無所不寡❻。寡者，備人者也❼；眾者，使人備己者也❽。

【注釋】

❶形人而我無形：漢簡作「善將者，形人而無形」。形人：示人以形。兵行詭道，所示之形為偽形，即示敵以偽形。無形：隱蔽真情，不露真情。張預注：「吾之正，使敵視之以為奇；吾之奇，使敵視以為正，形人者也。以奇為正，以正為奇，變化紛紜，使敵莫測，無形者也。」甚確。❷我專而敵分：言我示偽形以察敵後，則可集中優勢兵力擊敵之虛，我真形無現，捉摸不透，不得不處處防備而分散兵力。張預注：「敵形既見，我乃合眾以臨之；我形不彰，彼必分勢以防備。」善。❸我專為一，敵分為十，是以十攻其一也，則我眾而敵寡，能以眾擊寡者：傳本如此，唯漢簡作：「我專為一，敵分為十，是以十擊一也。我寡而敵眾，能以寡擊眾。」按：傳本「則我眾而敵寡」是承「我專」「敵分」後，「以十攻其一」而言，是就進攻局部而言，漢簡無「則」字，是就整體而言，謂從整體看，我寡敵眾，若能「我專為一，敵分為十」，亦可「以寡敵眾」。簡本注：「簡本之意似謂雖敵眾而我寡，若能以十擊一，則寡可勝眾。」善。❹吾之所與戰者約矣：楊炳之《孫子會箋》：「約：各家皆訓『少』。按此雖通，然與下文『吾所與戰者寡』文意重贅。約：《說文》：『束也』，《集韻》：『屈也』，《禮記・坊記》『小人貧斯約』注：『約，猶窮也』，故『約』有困屈之意。《左傳》定公

四年『乘人以約』，即言乘其困屈。故『約』在此應為困屈而不能自如之意」。有理，從之。❺備前則後寡，備後則前寡；備左則右寡，備右則左寡：漢簡作「備前……者右寡」，前後無缺文，中間缺文不多。楊炳安《孫子會箋》：「故此處文字似只有『備前則後寡，備左則右寡』兩句，而無『備後』與『備右』兩句。辛稼軒《九議》引文亦無『備後』與『備右』二句，其後人所增歟？」其推論有理。❻無所不備，則無所不寡：無處不設防，則無處不兵力寡少，言處處設防，處處皆寡。❼寡者，備人者也：言感到兵力寡少不夠用，乃分兵備敵所致。❽眾者，使人備己者也：言兵力顯得雄厚，乃迫使敵人分兵備我所致。

【譯文】

因此，示敵以假象而我不露真情，那麼，我就可以集中兵力而敵勢必分散兵力。我集中兵力為一處，敵分散兵力為十處，這就形成局部的以十攻一的態勢，那麼，我就兵力眾多而敵人就兵力寡少了；能以眾多兵力對付寡少兵力，與我交戰的敵人就陷入困境了。我與敵交戰的地點敵人不知道，不知道，那麼敵人防備的方面就多；敵人防備的方面多，在局部與我交戰的敵兵就少了啊。著重防備前方，後方就薄弱；著重防備後方，前方就薄弱；著重防備左翼，右翼就薄弱；著重防備右翼，左翼就薄弱；無處不防備，那就無處不薄弱。造成兵力薄弱的原因就是處處設防啊，形成兵力集中的優勢在於迫使敵人處處防備我啊。

故知戰之地、知戰之日，則可千里而會戰❶；不知戰地、不知戰日，則左不能救右、右不能救左，前不能救後、後不能救前，而況遠者數十里、近者數里乎❷？以吾度之❸，越人之兵雖多❹，亦奚益於勝敗哉❺？故曰：勝可為也❻。敵雖眾，可使無鬥❼。

【注　釋】

❶此句言知戰之時間、地點則可奔赴千里相會與敵交戰。孟氏注：「先知戰地之形，又審必戰之日，則可千里期會，先往以待之。」❷此以上幾句言：如不知戰地戰日，敵擊我近鄰某部尚且不知，無法及時相救，何況攻我相隔數十里、數里的某部呢？更是無法相救了。本節至此旨在強調：知戰時日，可千里赴戰；不知戰之時日，左右亦難相救。按：春秋時戰爭規模小，車不過千乘，兵不過十萬，時不過一天。像鄢陵之戰這樣罕見的大戰也只不過從早晨到黃昏而已，小戰持續時間更短。故孫子言不知戰地戰日，左右且不能相救。孫子據此總結出來的道理，至今仍具指導性。春秋戰爭規模情況，請參見藍永尉《春秋時期的步兵》第八頁。❸度：推測、揣度。❹越人：越國。❺奚益於勝敗哉：勝敗，偏義複詞，勝。此言於勝利又有何益呢？❻勝可為也：漢簡作「勝可擅也。」義相通。此語承上文，言若「致人而不致於人」，「我專而敵分」，造成有利的戰爭態勢，勝利是可以取得的。這是對〈形篇〉「勝可知不可為」的重要補充，充分體現了孫子辯證的思想方法和對人的主觀能動性的重視。綜合起來即謂：客觀條件不成熟（敵未出現「可勝」之隙）時，不可強求勝利；若充分發揮主動性，致人而不致於人，造成敵之虛（「可勝」之隙），勝利是可以取得的。❼此言敵人雖然眾多，然我可剝奪其主動權，使它無法與我爭勝。無鬥：無法戰鬥，這裡指無法發揮其正常力量戰鬥。

【譯　文】

知道作戰的地點、知道作戰的時間，哪怕奔赴千里也可如期會合交戰；不知作戰地點，不知作戰時間，那就左翼也難救右翼，右翼也難救左翼；前軍難救後軍，後軍難救前軍；何況遠者相隔幾十里、近者相隔幾里的呢？依我推測，越國的兵力雖然眾多，又於勝利有何益呢？所以說，勝利是可以取得的。敵人雖多，可使它無法戰鬥。

故策之而知得失之計❶，作之而知動靜之理❷，形之而知死生之地❸，角之而知有餘不足之處❹。故形兵之極❺，至於無形❻。無形，則深間不能窺，智者不能謀。因形而錯勝於眾❼，眾不能知。人皆知我所以勝之形，而莫知吾所以制勝之形❽。故其戰勝不復❾，而應形於無窮❿。

【注釋】

❶策：籌策，這裡指分析、研究。計：條件。得失之計：優劣好壞之各種條件。❷作：《說文》：「作，起也。」這裡是「使之起」，即「挑動」之意。理：規律。❸形：顯露，表現，《漢書・伍被傳》：「聰者聽於無聲，明者見於未形。」這裡指偵察，有使動意。《禮記・樂記》：「形於動靜。」死生之地：死地、生地。❹角：較量。指對敵試探性接觸，以觀虛實，猶今之火力偵察。❺形兵：以假象迷惑敵人的用兵方法。❻形兵之極，至於無形：言以假象迷惑敵人的用兵方法運用到極致程度，變化多端，可達到使人無形可窺的程度。《淮南子・兵略訓》：「兵之極也，至於無刑(形)，可謂極之矣。」與此義略同。❼錯：同「措」，即「置」。此言由於示形取得的勝利置於眾人面前，眾人不知其因。❽此二句謂：人們都知道

我取勝的外在表現之狀，而沒有誰知道我爭取這些勝利所採取的內部方略情況。前「形」指取勝狀況，後「形」指導致勝利的內在情實、因由，即方略。❾戰勝不復：用以戰勝的謀略方法不重複出現。❿應形於無窮：言由於「形兵之極」，方法無窮，變化多端，根據不同情況採取不同的應對方法，故能隨敵變化而示形於無窮。李筌曰：「不復前謀以取勝，隨宜制變也。」

【譯　文】

分析研究雙方情況，可得知雙方所處條件的優劣得失；挑動敵人，可了解敵人的行動規律；偵察戰地，可知戰地各處是否利於攻守進退；小規模的兵力與敵試探性較量，可知敵人兵力部署的或有餘或不足等虛實情況。以假象迷惑敵人的用兵方法運用到極致程度，就會不露一絲真迹，使人無形可窺。那麼，即使隱藏很深的間諜也不能窺測到實情，即使很有智謀的人也無法設謀。通過以假象迷惑敵人的「示形」方法取得的勝利放置在眾人面前，眾人不能了解其中的因由。眾人都知道我取勝的外在作戰狀況，而沒有誰了解我導致勝利所用的內在方略。因而，我取勝的謀略方法不重複，而隨著敵情變化所採取的應變「示形」方法是無窮無盡的。

夫兵形象水❶。水之形，避高而趨下❷；兵之形，避實而擊虛❸。水因地而制流，兵因敵而制勝❹。故兵無常勢，水無常形❺，能因敵變化而取勝者❻，謂之神❼。故五行無常勝❽，四時無常位❾，日有短長❿，月有死生⓫。

【注釋】

❶兵形象水：謂用兵打仗的規律如流水的規律。形：形制，形式，運動規律。❷水之形，避高而趨下：流水的規律，是避開高處趨向低處。❸兵之形，避實而擊虛：用兵的規律，是避開實處，攻擊虛處。❹此二句謂：流水根據地形情況決定流向，用兵根據敵情而採取致勝方略。敵虛則攻，敵實則避，因敵之隙而取勝。杜佑曰：「兵因敵之虧缺而取勝者也。」是。❺兵無常勢，水無常形：漢簡作「兵無成勢，無恆刑」。下句無「水」字，漢簡本注謂「水字似不當有」，因於文意無大礙，仍依傳本。此二句言：戰爭無固定不變的態勢，流水無固定不變的流向。強調其運動、變化。❻因敵變化：根據敵情的發展變化而採取靈活措施。變化：動詞，採取變化措施。❼神：高明。❽五行：古人認為，世界萬物由金、木、水、火、土五種基本元素構成，稱為五行。並認為五行「相生相勝」，即相互產生又相互戰勝。所謂「相生」是木生火、火生土、土生金，金生水，水生木；所謂「相勝」，亦稱「相剋」，為金剋木，木剋土，土剋水，水剋火，火剋金。「五行」觀點是古人解釋世界的重要哲學觀點。無常勝，即無常剋，如金剋木，而金又被火所剋，沒有哪一個處於常剋地位。❾四時無常位：言四季是不斷推移代謝的，沒有哪一季永在「位」而不更替。❿日有短長：言白天時間有短有長。《呂氏春秋．仲冬紀》：「是月也，日短至。」高誘注：「冬至之日，晝漏水上刻四十五，夜漏水上刻五十五，故曰短至。」又〈仲夏紀〉「是月也，日長至。」高誘注：「夏至之日，晝漏水上刻六十五，夜漏水上刻三十五，故日長至。」漏：漏壺，古計時器。⓫月有死生：泛言月有朔望圓虧的變化。陰曆以月亮(太陰)的運行紀年月，月亮從初生到消失為一個月。月亮運行到太陽與地球之間時，月亮以暗面對著地球，人們便看不見，此日稱朔，月相為新月，謂月始新生。運行到太陽、地球的延長線方位時，月亮已由蛾眉至滿圓。滿月稱望。然後又逐步縮小以至於消失。消失的前一天為晦，晦為月末，只有一線昏暗殘月。然後又循環新生。又，漢簡在該篇末有「神要」二字，蓋謂該篇為「神要」，非連「月有死生」之正文也。

【譯 文】

用兵的規律有如流水的規律。流水的規律是避開高處趨向低處；用兵的規律是避開實處攻擊虛處。水流根據地形決定流向，用兵根據敵情採取致勝方略。戰爭無固定不變的態勢，流水無固定不變的流向。能隨著敵情發展變化而採取靈活變化的措施取勝的人，才稱得上是神祕莫測的高明者。須知五行是沒有常勝的，四時是沒有不更替的，日照的時間也有短有長，月亮也有晦有朔。

卷七 軍爭篇

軍爭篇

第七

導讀

決定戰爭勝利的條件，有在臨戰前創造、具備的，有在實戰中不斷地根據情勢變化而奪取的。軍爭，即指兩軍相對而爭奪致勝條件、爭取戰場上的主動權。本篇即論述了軍爭的基本原則和基本方法。

孫武認為，「以迂為直」、「以患為利」，是軍爭的基本原則，並指出，軍爭是利害相關的，能處理好迂與直、利與害的辯證關係，洞察各方面的情況，便能在廣闊的範圍內，在不同的戰線上去有效地爭利。要有效地爭利，還必須有嚴整統一的步調，治氣、治心、治力、治變等一系列的基本方法，並從而提出了「避其銳氣，擊其惰歸」的作戰原則。

最後，作者又從戰術方法上指出了一系列在爭利中應遵循的作戰原則，但有些顯然具有片面性。

孫子曰：凡用兵之法，將受命於君，合軍聚眾❶，交和而舍❷，莫難於軍爭❸。軍爭之難者，以迂為直，以患為利❹。

故迂其途，而誘之以利，後人發，先人至，此知迂直之計者也❺。

【注釋】

❶合軍聚眾：聚集民眾，組編軍隊。「合軍」與「聚眾」實為同義語。曹操注：「聚國人，結行伍，選部曲，起營為軍陣。」梅堯臣曰：「聚國之眾，合以為軍。」❷交和而舍：此言兩軍對壘駐紮。交：接也。和：歷來注家作「軍門」釋，楊炳安《孫子會箋》：「和，非指軍門，而實係軍壘甚明。」《韓非子・外儲說左上》：「李悝警其兩和曰：謹警敵人，且暮至擊汝，……一日，李悝與秦人戰，謂左和曰：『速上！右和已上矣。』又馳至右和曰：『左和已上矣。』左右和曰：『上矣。』」《周禮・夏官・大司馬》：「以旌為左右和之門。」孫詒讓引惠士奇云：「和者，壁壘之名，因於其壘立旌門，是為左右和之門。」是和門乃軍門之一種，和為軍壘，可指軍之一翼。舍：駐紮。❸莫難於軍爭：沒有什麼比兩軍相對爭奪制勝條件更難的了。曹操注：「從始受命，至於交和，軍爭難也。」張預曰：「與人相對而爭利，天下之至難也。」❹以迂為直，以患為利：變迂曲為近直，化禍患為有利。梅堯臣曰：「能變迂為近，轉患為利，難也。」張預曰：「變迂曲為近直，轉患害為便利，此軍爭之難也。」是。❺後人發，先人至，此知迂直之計者也：言後於敵人發動而先於敵人達到目的，這就是懂得變迂為直這一謀略的人。梅堯臣曰：「遠其途，誘以利，款之也。後其發，先其至，爭之也。能知此者，變迂轉害之謀也。」

【譯文】

孫子說：根據一般戰爭規律，將帥向君主領受命令，聚集民眾，組編軍隊，到與敵軍兩相對壘，沒有什麼比兩軍相對爭奪制勝條件更難的了。兩軍相對爭利之所以難，就難在以迂迴的手段達到直捷的目的，就難在化禍患為有利。採取迂迴的途徑，但引誘凝滯敵人，後於敵人發動，卻先於敵人達到目的，這便是懂得變迂為直謀略的人。

故軍爭為利，軍爭為危❶。舉軍而爭利❷，則不及；委軍而爭利，則輜重捐❸。是故卷甲而趨❹，日夜不處，倍道兼行❺，百里而爭利，則擒三將軍❻；勁者先，疲者後，其法十一而至；五十里而爭利，則蹶上將軍❽，其法半至；三十里而爭利，則三分之二至。是故軍無輜重則亡❾，無糧食則亡，無委積則亡❿。

【注釋】

❶軍爭為利，軍爭為危：軍爭有利，軍爭也有害。或曰軍爭是有利的，軍爭也是有害的。為：動詞，是，有。梅堯臣曰：「軍爭之事，有利也，有危也。」❷舉軍：與後文「委軍」對言，指攜帶全部輜重之軍。梅堯臣曰：「舉軍中所有而行，則遲緩。」張預曰：「竭軍而前則行緩而不能及利。」❸委：棄也。捐：棄也、失也。言若棄其所有，輕兵獨進，則輜重損失了。梅堯臣曰：「委軍中所有而行，則輜重棄。」李筌曰：「委棄輜重，則軍資缺也。」皆是。❹卷甲而趨：捲起鎧甲，輕裝快跑。❺倍道兼行：以加倍速度晝夜不停地行軍❻擒三將軍：三軍將領被擒。擒：此表被動，為敵所擒。❼其法十一而至：言按其規律，只有十分之一的人到達。法：常規。十一：十分之一。古代母數與子數連用為分數表示法之

一。《史記．陳涉世家》：「借第令毋斬，戍死者固十六七。」《史記．越世家》：「候時轉物，逐什一之利。」韓愈〈平淮西碑〉：「願歸農者十九。」上言十六七即十分之六七，什一即十分之一，十九即十分之九。❽蹶：挫敗。上將軍：前軍將領。古三軍或稱左、中、右，或稱上、中、下。❾軍無輜重則亡：軍隊沒有輜重就會滅亡。此句以下三句說明不能「委軍而爭利」。❿委積：聚積儲備的軍需物資。《周禮．地官．遺人》：「遺人掌邦之委積，以待施惠。以恤民之艱阨……三十里有宿，宿有路室，路室有委；五十里有市，市有候館，候館有積。」鄭注：「少曰委，多曰積。」

【譯文】

軍事是有利的，軍爭也是危險的。全軍帶著全部輜重去爭利，就會行動遲緩而趕不上；全軍捨棄笨重器械去爭利，那麼輜重又損失了。捲起鎧甲，輕裝快跑，日夜不停，以加倍的速度兼程行進，奔襲百里去爭利的話，那麼，三軍將領都可能被擒；精悍的士卒在前面，疲弱的士卒在後面，按通常規律只有十分之一的人能到達；像這樣奔走五十里去爭利的話，那麼前軍將領必然受挫，按通常規律只有一半人能到達；像這樣急行三十里去爭利的話，也只有三分之二的人能到達。然而，軍隊沒有輜重就會滅亡，軍隊沒有糧食就會滅亡，軍隊沒有物資儲備就會滅亡。

故不知諸侯之謀者，不能豫交❶；不知山林、險阻、沮澤之形者❷，不能行軍；不用鄉導者❸，不能得地利。故兵以詐立，以利動❹，以分合為變者也❺。故其疾如風，其徐如林❻，侵掠如火，不動如山，難知如陰❼，動如雷震❽。掠鄉分眾，廓地分利，懸權而動❾。先知迂直之計者勝，此軍爭之法也。

【注釋】

❶豫交：與交，豫通「與」。❷沮澤：沼澤地帶。❸鄉導：嚮導。鄉通「嚮」。❹以詐立，以利動：以變詐立威，依利益行動。❺以分合為變：把分散與集中作為變化手段。言根據實情，或分散或集中，應變化自如。❻徐：舒緩。此句言部隊舒緩行進，如森林般嚴整而井然有序。❼難知如陰：難以窺知實情，有如陰雲蔽日。此言即「形兵之極，至於無形」的效果。一或作蔭蔽時，像陰雲遮天，似穿鑿拘泥。楊炳安《孫子會箋》：「言藏匿真形，敵莫能測也。」是。❽動如雷震：《新注》：「行動起來，猶如萬鈞雷霆。」杜牧曰：「如空中擊下，不知所避也。」賈林曰：「疾雷不及掩耳。」又李筌曰：「盛怒也。」均此二種注，以衆家前注為善。❾掠鄉分眾，廓地分利，懸權而動：此言「掠鄉分眾」與「廓地分利」均須「懸權而動」。旨在強調軍爭要區別利害。掠鄉分眾：掠奪敵鄉必須分兵進行，防偷襲，防中計。眾：兵眾。廓地分利：開拓疆土必須分清利害，權衡輕重，是否符合長遠利益，否則「地有所不爭」。懸權而動：根據實際情況靈活採取行動。權：稱錘。這裡喻對事情進行利害輕重的比較分析。按：此前兩句歷來分歧較多：掠鄉分眾，一說奪取敵資要分一部分賞與部下；廓地利，一說開廓土地要分與有功者，又一說，開拓疆土應分別利害，擇要據守。

【譯文】

不了解諸侯的企圖，不能與之結交；不了解並善於利用山林、險阻、沼澤等地形條件，不能率軍行進；不使用嚮導，就不能得到有利的地形。用兵靠詭詐立威，依利益行動，把分散與集中作為變化手段。部隊快速行動起來猶如疾風；舒緩行動起來猶如森林；侵掠起來猶如烈火；不動時候穩如山嶽；難以窺測有如陰雲蔽日；發起進攻有如迅雷猛擊。掠奪敵鄉，應分兵進行；開拓疆土，應區別利害。這些都須比較利害、權衡輕重後才能採取行動。先懂得以迂為直計謀的人才會取得勝利，這就是軍爭的原則。

《軍政》曰❶：「言不相聞，故為金鼓❷；視不相見，故為旌旗❸。」夫金鼓旌旗者，所以一人之耳目也❹；人既專一，則勇者不得獨進，怯者不得獨退，此用眾之法也。故夜戰多火鼓，晝戰多旌旗，所以變人之耳目也❺。

【注釋】

❶軍政：古兵書，已佚。梅堯臣曰：「軍之舊典。」王皙曰：「古軍書。」❷為：動詞，設置，用。金鼓：古代作戰的指揮工具。王皙曰：「鼓鼙鉦鐸之屬。」《呂氏春秋·不二》「有金鼓，所以一耳」高誘注：「金，鐘也。擊金則退，擊鼓則進。」《管子·兵法》：「三官，一曰鼓，鼓所以任也，所以起也，所以進也；二曰金，金所以坐也，所以退也，所以免也。」❸旌旗：旗幟通稱，包括令旗與部伍各種標幟，均起指揮聯絡作用。❹所以一人之耳目也：用來統一士卒（人們）視聽的工具。一：數詞使動用法，使……專一，一致。❺變人之耳目：適應將士的視聽，便利將士的視聽。

【譯　文】

《軍政》上說：「用言語指揮聽不清楚就用金鼓，用手勢指揮看不清楚就用旌旗。」金鼓旌旗這些工具是用來統一軍隊視聽的。軍隊行動統一以後，那麼，勇武的人不得擅自前進，怯懦的人也不能單獨後退，這就是指揮大部隊作戰的辦法。夜間作戰，多使用火與鼓；白天作戰，多使用旌旗。這是適應將士們視聽的辦法。

故三軍可奪氣❶，將軍可奪心❷。是故朝氣銳，晝氣惰，暮氣歸❸。故善用兵者，避其銳氣，擊其惰歸❹，此治氣者也❺。以治待亂，以靜待譁，此治心者也❻。以近待遠，以佚待勞，以飽待饑，此治力者也❼。無邀正正之旗❽，勿擊堂堂之陳❾，此治變者也❿。

【注　釋】

❶奪氣：剝奪對方士氣。李筌曰：「奪氣，奪其勇銳。」❷奪心：動搖將領決心。張預曰：「心者，將之所主也。夫治亂勇怯，皆主於心。故善制敵者，撓之而使亂，激之而使惑，迫之而使懼，故彼之心謀可以奪也。」《吳子・治兵》：「用兵之害，猶豫最大，三軍之災，生於狐疑。」動搖將領的決心，使之憂懼狐疑，是軍事家常用的辦法。❸朝、晝、暮：本義即早晨、白天、傍晚，這裡用來喻用戰之初，用戰經久，用戰之末，非指一天之早晚。孟氏注：「朝氣，初氣也；晝氣，再作之氣也；暮氣，衰竭之氣也。」梅堯臣曰：「朝言

其始也，晝言其中也，暮言其終也。」皆是。然梅注以「歸」為「思歸」失之。歸：終了、滅亡、消亡，與「竭」同義。此處「銳」、「惰」、「歸」均形容士氣如何。「歸」訓「終」、「亡」，上古文章屢見：《左傳》定公十一年：「以討召諸侯，而以貪歸之，無乃不可乎？」——以討伐有罪而召諸侯來，卻以貪圖陳國財富而滅亡它，這恐怕不行吧？又《呂氏春秋・慎大覽・順說》：「不設形象，與生與長，而言之與響，與盛與衰，以之所歸。」高誘注：「歸，終也。」《列子・天瑞》：「古者謂死人為歸人。」歸作「終」，「消亡」解，與「一鼓作氣，再而衰，三而竭」義同。若訓「將士思歸」。主語則非「暮氣」了。❹避其銳氣，擊其惰歸：避開敵人的銳氣，攻擊敵人的惰氣、歸氣。猶言敵氣盛則避之，待衰懈則擊之。此已成為孫子名言。❺治氣：即治以氣，以氣治之。也就是說從士氣上治(制伏、戰勝)敵人。❻治心：從心理上制伏、戰勝敵人。❼治力：從體力上制伏、戰勝敵人。❽正正：嚴整貌。❾堂堂：盛大貌。陳，古通「陣」。❿治變：以權變應對敵人。

【譯　文】

敵之兵眾，可剝奪其士氣；敵之將領，可動搖其決心。初戰時氣銳，繼戰時氣衰，戰至後期，士氣就消亡了。因而，善於用兵的人，總是避開敵人的銳氣，攻擊敵人的惰氣、歸氣(乘敵士氣衰敗、消亡時實施攻擊)。這是從士氣上制伏、戰勝敵人的辦法。用嚴整的部隊對付混亂的部隊，用沈著、冷靜的部隊對付浮躁喧亂的部隊，這就是從心理上制伏、戰勝敵人的辦法。用靠近戰場的部隊等待遠途來奔的敵軍，用休整良好的部隊等待疲勞困頓的敵軍，用飽食的部隊對付飢餓的部隊，這就是從體力上制伏、戰勝敵人的辦法。不要攔截敵人嚴整的軍隊，不要攻擊敵人盛大的軍陣，這是以權變對付敵人的辦法。

故用兵之法：高陵勿向❶，背丘勿逆❷，佯北勿從❸，銳卒勿攻❹，餌兵勿食❺，歸師勿遏❻，圍師必闕❼，窮寇勿迫❽，此用兵之法也。

【注　釋】

❶高陵勿向：言敵據高之山陵，慎勿仰攻。❷背丘勿逆：漢簡「逆」作「迎」，義通。言敵人依托山丘，不可仰攻。與上句意義基本一致。孟氏曰：「敵背丘陵為陣，無有後患，則當引軍平地，勿迎擊之。」張預曰：「敵處高為陣，不可仰攻，人馬之馳逐，弧矢之施發，皆不便也。」❸佯北勿從：假裝敗走的敵軍，慎勿跟蹤追擊，懼有伏也。北：敗退，逃亡。從：尾追。跟蹤追擊。王晳曰：「勢不至北，必有詐也，則勿逐。」❹銳卒勿攻：精銳的敵軍不要攻擊。此乃「避實擊虛」，「避其銳氣」之意。李筌曰：「避強氣也。」梅堯臣曰：「伺其氣挫。」❺餌兵勿食：充當誘餌的小部隊，不要去吃掉它。❻歸師勿遏：回歸的敵人，不要去阻遏它。遏：遏制，攔截。孟氏曰：「人懷歸心，必能死戰，則不可止而擊也。」李筌曰：「士卒思歸，志不可遏也。」❼圍師必闕：包圍敵人，必須留個缺口，以免敵人困獸猶鬥。曹操注：「《司馬法》曰：圍其三面，缺其一面，所以示生路也。」杜牧曰：「示以生路，令無必死之心。」闕：即「缺」。❽窮寇勿迫：陷入絕境的敵人，不可逼之太甚。「鳥窮則搏，獸窮則噬。」梅堯臣曰：「困獸猶鬥，物理然也。」

【譯　文】

用兵的原則是：占據高地的敵人，不要去仰攻；背靠山丘的敵人，不要去迎擊；假裝敗退的敵人，不可跟蹤追趕；精銳的敵軍，不要去進攻；充當誘餌的小部隊，不要去吃掉；回撤的敵人，不要去遏止；包圍敵人要網開一面；陷入絕境的敵人，不可逼迫太甚。這些都是用兵的原則啊。

卷八 九變篇

九變篇

第八

導讀

靈活、機變，是貫穿於孫子十三篇的基本思想之一，而本篇則是十三篇中專論靈活機變的一篇，它集中體現了孫子用兵的辯證法思想。

人們做什麼事情都必須掌握和遵循一定的規律，但任何規律都是不能生搬硬套的。孫子認為，用兵必須知「法」，必須「修道而保法」，但如果只會生搬硬套而不精於權變，則既「不能得地之利」，也「不能得人之用」。因而，精於權變是用兵的法中之法。要做到精於權變，必須善於洞察與處理好利與害的關係，遇事從長遠觀點看，「雜於利害」，才能有效地轉化矛盾，因利制權；任何靈活機變必須建立在自己有準備、有把握有力量的基點上，要「恃吾有以待」，「恃吾有所不可攻」，這樣才能應對自如而立於不敗之地；要精於權變還必須加強將帥思想素質修養，將帥的任何特質都可能被對方利用，而壞的素質為害更甚，將帥只有冷靜地認識形勢、靈活地處理戰局，才能「不致於人」而巧妙地「致人」。這些論點，至今仍有生命力。

此篇篇名「九變」，即言無窮之機變。九，言數之極。王晳曰：「晳謂九者數之極，用兵之法當極其變耳。」

孫子曰：凡用兵之法，將受命於君，合軍聚眾，圮地無舍❶，衢地交合❷，絕地無留❸，圍地則謀❹，死地則戰❺。塗有所不由❻，軍有所不擊❼，城有所不攻❽，地有所不爭❾，君命有所不受❿。故將通於九變之地利者⓫，知用兵矣；將不通於九變之利者，雖知地形，不能得地之利矣。治兵不知九變之術，雖知五利⓬，不能得人之用矣。

【注釋】

❶圮地無舍：在水毀之地不可駐紮。曹操曰：「無所依也。水毀曰圮。」李筌曰：「地下曰圮。」陳皞曰：「圮，低下也。」又《孫子兵法．九地》：「行山林、險阻、沮澤，凡難行之道者，為圮地。」蓋質言之低下、水毀之地為圮，泛言之可指崎嶇、凹凸及沼澤等難行之地。❷衢地：多國交界，四通八達的樞紐要地。《孫子兵法．九地》：「諸侯之地三屬，先至而得天下之眾者，為衢地。」梅堯臣曰：「夫四通之地，與旁國相通，當結其交也。」❸絕地無留：道路不通，又無糧食水草的地方，此地須亟去勿留。李筌曰：「地無泉井畜牧採樵之處為絕地，不可留也。」賈林：「溪谷坎險，前無通路曰絕，當速去無留。」張預曰：「去國越境而師者，絕地也。」按：張引〈九地篇〉，亦為絕地一種。❹圍地：四面險阻，出入通道狹

窄的地區。《孫子兵法・九地》：「所由入者隘，所從歸者迂，彼寡可以擊吾之衆者，為圍地。」又「背固前隘者，圍地也。」賈林曰：「居四險之中曰圍地。敵可往來，我難出入，居此地者，可預設奇謀，使敵不為我患，乃可濟也。」❺死地：前不能進，後不能退，非死戰求勝便不能生存的境地。《孫子兵法・九地》：「疾戰則存，不疾戰則亡者，為死地。」又「無所往者，死地也。」❻塗有所不由：孫子佚文《四變》：「徐(途)之所不由者，曰：淺入則前事不信，深入則後利不椄(接)。動則不利，立則囚。如此者，弗由也。」塗，同途。由，經由，通過。信，伸。❼軍有所不擊：孫子佚文《四變》：「軍之所不毄(擊)者，曰：兩軍交合而舍，計吾力足以破其軍，獲其將。遠計之，有奇埶(勢)巧權於它，而軍……□將。如此者，軍唯(雖)可毄(擊)，弗毄(擊)也。」意謂有的敵軍本可馬上吃掉它，但從長遠觀點看，暫留它可資利用，於我造勢任勢有用，則暫時不攻擊。❽城有所不攻：孫子佚文《四變》：「城之所不攻者，曰：計吾力足以拔之，拔之而不及利於前，得之而後弗能守。若力(□)之，城必不取。及於前，利得而城自降，利不得而不為害於後。若此者，城唯(雖)可攻，弗攻也。」❾地有所不爭：孫子佚文《四變》：「地之所不爭者，曰：山谷水□無能生者，□□□而□□……虛。如此者，弗爭也。」蓋言爭來無益於生存、戰勝之地，暫弗爭。❿君命有所不受：孫子佚文《四變》：「君令有所不行者，君令有反此四變者，則弗行也。」⓫九變之地利：宋本《武經七書》、《太平御覽》、曹操《孫子略解》等均無「地」字。有「地」於文義不順，殆為衍入，譯文去「地」。⓬五利：指「途有所不由，軍有所不擊，城有所不攻，地有所不爭，君命有所不受」的五條好處。「雖知地形」句是針對圮地等五地來說的，「雖知五利」是針對「途有所不由」等五利來說的，共同闡述「將通於九變之(地)利者，知用兵矣。」

【譯　文】

孫子說：根據用兵的規律，將領向國君領受命令，聚集民衆組成軍隊，在「圮地」

不要駐紮，在「衢地」要結交諸侯，在「絶地」不可滯留，在「圍地」要巧出奇謀，在「死地」則殊死奮戰。有的道路不宜通過，有的敵軍可以不擊，有的城邑可以不攻，有的地盤可以不爭，甚至國君的命令有的也可以不接受。將領能通曉靈活機變的好處的，就算懂得用兵了；將領不通曉靈活機變的好處，即使了解地形，也不能得到地利；治軍不了解機變的權術，即使懂得「有的道路不宜通過」等「五利」，也不能充分發揮士卒們最大的戰鬥能力和作用。

是故智者之慮，必雜於利害❶，雜於利而務可信也❷；雜於害而患可解也❸。

【注釋】

❶雜：摻雜。此為「兼顧」之義。賈林曰：「言利害相參雜。」曹操曰：「在利思害，在害思利，當難行權也。」張預曰：「智者慮事，雖處利地，必思所以害；雖處害地，必思所以利。此亦通變之謂也。」皆是。❷務：事情。信：伸行，發展。杜牧曰：「信，申也。」楊炳安《孫子會箋》：「言唯其考慮利之一面，方能以此激勵三軍將士完成戰鬥任務也。」❸患：禍患。解：解除。楊炳安《孫子會箋》：「此言唯其考慮害之一面，方能防患於未然或轉危而為安。」

【譯文】

因而，高明的將領考慮問題，一定兼顧利與害兩個方面。在不利的條件下看到有利的一面，事情就可以順利進行；在有利條件下看到不利的因素，禍患便可及早解除。

是故屈諸侯者以害❶，役諸侯者以業❷，趨諸侯者以利❸。

【注　釋】

❶屈諸侯者以害：即以害屈諸侯，言以危害之事使諸侯屈服。諸侯：在此指敵國。屈：使……屈服。害：曹操注：「害其所惡也。」❷役：役使。業：大事。此為各種貌似正經的大事之意。曹操曰：「業，事也，使其煩勞。」杜佑曰：「能以事勞役諸侯之人，令不得安佚。」皆近之。❸此句張預注：「動之以小利，使之必趨。」是。按：此連續三句均言「致人」之術，均言化敵之實為虛之術。

【譯　文】

這就是要以禍患威逼諸侯屈服，以各種貌似正經的大事來役使諸侯，用各種小利來引誘諸侯疲於奔命。

故用兵之法：無恃其不來❶，恃吾有以待也❷；無恃其不攻，恃吾有所不可攻也❸。

【注　釋】

❶恃：依恃，依靠、依賴。此亦可作「寄希望於」。❷有以待：有所準備以待敵。梅堯臣曰：「所恃者，不懈也。」❸有所不可攻：即具有不可攻破的條件。言作好了充分準備，敵不可破我。

【譯　文】

打仗的原則是：不要寄希望於敵人不來，而要依靠自己有充分準備，嚴陣以待；不要寄希望於敵人不會進攻，而要依靠自己有敵人不可攻破的條件。

故將有五危：必死❶，可殺也；必生❷，可虜也；忿速，可侮也❸；廉潔，可辱也；愛民，可煩也❺。凡此五者，將之過也，用兵之災也❻。覆軍殺將❼，必以五危❽，不可不察也❾。

【注釋】

❶必死：勇而無謀，一味死拚。李筌曰：「勇而無謀也。」《吳子·論將》：「凡人論將，常觀於勇，勇之於將，乃數分之一耳。夫勇者必輕合，輕合而不知利，未可也。」《孫子兵法·計篇》：「將者，智、信、仁、勇、嚴也。」❷必生：貪生怕死，畏葸猶豫。李筌曰：「疑怯可虜也。」張預曰：「臨陣畏怯，必欲生返，當鼓噪乘之，可以虜也。」❸忿速：急躁易怒，剛忿褊激。侮：輕也，陵也，欺凌之意。❹廉潔：此謂矜於廉潔之名。辱：污辱。❺愛民：此謂過分看重民眾眼前利益。愛民誠可貴，若過分計較眼前利益，則會被敵人利用。杜牧曰：「言仁人愛人者，惟恐殺傷，不能舍短從長，棄彼取此，不度遠近，不量事力，凡為我攻，則必來救。如此，可以煩之，令其勞頓，而後取之也。」❻何延錫注曰：「將材古今難之，其性往往失於一偏爾。故孫子首篇言將者智信仁勇嚴，貴其全也。」張預曰：「庸常之將，守一而不知變，故取則於己，為凶於兵。智者則不然，雖勇而不必死，雖怯而不必生，雖剛而不可侮，雖廉而不可辱，雖仁而不可煩也。」❼覆軍：全軍覆沒。殺

將：將領被殺。❽以：因為，由於。❾不可不察也：言不可不弄清這個道理啊。張預注曰：「言須識權變，不可執一道也。」

【譯　文】

將領有五個方面的性格偏執是危險的：勇而無謀，一味死拚，可以誘殺；貪生怕死，畏葸疑懼，可以俘獲；浮躁易怒，剛忿褊急，可以凌侮；矜於名節，可以污辱；過於仁慈，可予煩擾。大凡這五個方面，都是將領素質上的缺陷，是用兵的大害。全軍覆沒，將領被殺，一定因為這五個方面的危險因素，因而，不能不看清這個道理啊。

卷九 行軍篇

行軍篇

第九

導讀

行，用也，使也。行軍，指在執行戰鬥任務中處置、使用軍隊，非指現代漢語之軍隊行進。本篇論述了將領在執行戰爭任務中如何處置軍隊的問題，分處軍、相敵、附眾三個方面進行論述。

第一部分詳實論述了在各種不同地形條件下的處軍原則；第二部分一氣列舉了三十二種情況來闡述如何判斷敵情；最後談了附眾問題，提出了「令之以文，齊之以武」的治軍原則。

孫子曰：凡處軍❶、相敵❷：

絕山依谷❸，視生處高❹，戰隆無登❺；此處山之軍也❻。

絕水必遠水❼；客絕水而來❽，勿迎之於水內❾，令半濟而擊之，利；欲戰者，無附於水而迎客❿；視生處高，無迎水流⓫。此處水上之軍也。

絕斥澤⓬，惟亟去無留⓭；若交軍於斥澤

之中，必依水草而背眾樹⑭，此處斥澤之軍也。平陸處易⑮，而右背高⑯，前死後生⑰，此處平陸之軍也。凡此四軍之利⑱，黃帝之所以勝四帝也⑲。

【注釋】

❶處軍：領兵作戰中處置軍隊進駐之策。軍：指我方。❷相敵：觀察判斷敵情。相：察，視。❸絕：渡，穿越。《史記・天官書》「後六星絕漢抵營室」《索隱》：「絕，度也。」《漢書・成帝紀》「不敢絕馳道」顏師古注：「橫度也。」杜牧曰：「絕，過也。」絕山即為穿越通過山嶺之意。依：依傍，靠近。杜牧注：「依，近也。」王晳注：「依，謂附近耳。」❹視生處高：李筌曰：「向陽曰生，在山曰高，生高之地可居也。」張預曰：「視生，謂面陽也；處軍當在高阜。」此句蓋謂選擇向陽之高地駐紮。❺戰隆無登：言敵已據高地，不可登迎仰攻。隆：高。曹操曰：「無迎高也。」漢簡作「戰降毋登」，「隆」從「降」得聲，二字可通。但一般卻解為「敵下山來戰」。張預曰：「敵處隆高之地，不可登迎與戰。一本作戰降無登迎，謂敵下山來戰，引我上山，則不可登迎。」❻此處山之軍也：言此乃於高山地帶處軍原則。張預曰：「凡高而崇者，皆謂之山，處山拒敵，以上三事為法。」❼絕水必遠水：橫渡江河一定要在離河流稍遠的地方駐紮。梅堯臣曰：「前為水所隔，則遠水以引敵。」張預曰：「凡行軍過水，欲舍止者，必去水稍遠，一則引敵使渡，一則進退無礙。」❽客：敵人。❾水內：水汭。「內」同「汭」。此蓋言水濱。梅堯臣曰：「敵之方來，迎於水濱則不渡。」王晳曰：「內當作汭。迎於水汭，則敵不敢濟；遠則趨利不及，當得其宜也。」❿無附於水而迎客：言不得近水為陣而待敵。曹操曰：「附，近也。」張預曰：「我欲必戰，勿近水迎敵，恐其不得渡；我不欲戰，則阻水以拒之，使不能濟。」⓫無迎水流：言勿居下游，以免敵人決水放毒。賈林曰：「水流之地，可以溉吾軍，可以流毒藥。迎：逆也。一云，逆流而營軍，兵家所

忌。」⑫斥澤：鹹鹵沼澤之地，即鹽鹼沼澤地。⑬亟去無留：迅速離開，不得滯留。亟：急，疾。去：離開。⑭依水草而背眾樹：依傍水草，背靠林木。⑮易：平坦之地，以利於車騎。此句曹操曰：「車騎之利也。」張預曰：「平原曠野，車騎之地，必擇其坦易無坎陷之處以居軍，所以利於馳突也。」⑯右背高：一說以背靠高地為好。右：上，訓動詞「崇尚」。因古依右為上。《管子·七法》：以「練卒精銳為右。」另一說，右翼要依傍高處。古注多持此說，譯文從此說。⑰前死後生：前低後高。《淮南子·地形訓》：「高者為生，下者為死。」⑱四軍之利：上述處山、處水、處斥澤、處平陸等四種處軍原則的好處。⑲黃帝：上古部落聯盟首領，號軒轅氏。曾敗炎帝於阪泉、殺蚩尤於涿鹿，北逐葷粥，統一黃河流域。事見《竹書紀年》、《史記·五帝本紀一》。四帝：這裡指當時四方氏族部落首領。《孫子兵法》佚文：「〔黃帝南伐赤帝，〕……東伐□帝……北伐黑帝……西伐白帝……已勝四帝，大有天下……」

【譯　文】

孫子說：領軍作戰中，處置軍隊、判斷敵情，應該依據下列原則：穿越山嶺，應臨近谷地行進，選擇朝陽的高地駐紮，敵人已據高地，不可仰攻，這是在山地處置軍隊的原則。渡水一定要在離水流稍遠的地方駐紮、準備；敵人渡水而來，不要在水濱迎戰，讓敵人渡過一半還有一半未渡時攻擊，這樣才有利；想與敵人交戰，不要靠近水邊而迎戰敵人；選擇高而向陽處列陣，不要處於下游逆著水流布陣或駐紮，這是在河流地區處置軍隊的原則。穿越鹽鹼沼澤地帶，一定迅速通過，切勿滯留；如果在鹽鹼沼澤之地與敵遭遇，一定依傍水草而背靠林木，這是在鹽鹼沼澤地帶處軍的原則。在平原曠野，要駐紮在平坦地面，右邊依托高草，前低後高，這是在平原地區處置軍隊的原則。大凡這四種處置原則的好處，就是黃帝戰勝東西南北四帝的原因。

凡軍好高而惡下❶，貴陽而賤陰❷，養生而處實❸，軍無百疾，是謂必勝。丘陵隄防，必處其陽而右背之。此兵之利，地之助也。上雨，水沫至，欲涉者，待其定也。凡地有絕澗❹、天井、天牢❻、天羅❼、天陷❽、天隙❾，必亟去之，勿近也。吾遠之，敵近之；吾迎之，敵背之。軍行有險阻、潢井葭葦❿、山林蘙薈者⓫，必謹覆索之，此伏奸之所處也⓬。

【注釋】

❶凡軍好高而惡下：犬凡駐軍喜好高處厭惡低處。張預注：「居高則便於覘望，利於驅逐；處下則難以為固，易以生疾。」❷貴陽而賤陰：以向陽的地方為貴，賤視卑濕的處所。古以日照為準，山南水北為陽，山北水南為陰。貴、賤：皆用如動詞，意動用法。即以……為貴（為賤）。❸養生而處實：即養於生而處於實。生，生地，猶「視生處高」之「生」；實，實地，均指有利的高陽乾爽之地。養：養育，指養育部隊戰鬥力。此句與上下句聯繫起來蓋謂：由於「好高而惡下，貴陽而賤陰」，則部隊「養於生處，處於實處」，故「軍無百疾，是謂必勝」。梅堯臣注：「養生便水草，處實利糧道。」曹操注：「恃滿實也。養生向水草，可以放牧養畜乘，實，猶高也。」近之。❹絕澗：兩岸峭壁，不能橫越的山間溪谷。梅堯臣注：「前後險峻，水橫其中。」❺天井：四周高峻，中間低窪的地形。梅堯臣注：「四面

峻坂，澗壑所歸。」❻天牢：高山峻嶺，險象環生，易進難出的地方。梅堯臣注：「三面環絕，易入難出。」❼天羅：荊棘叢生，難於用武的地方。梅堯臣注：「草木蒙密，鋒鏑莫施。」❽天陷：卑濕低下，道路泥濘，車騎難行之地。梅堯臣注：「卑下污濘，車騎不通。」❾天隙：長溝深坑交錯，難以穿越的地帶。梅堯臣注：「兩山相向，洞道狹惡。」又曹操總注：「山深水大者為絕澗，四(中)方高、中央下為天井，深山所過若蒙籠者為天牢，可以羅絕人者為天羅，地形陷者為天陷，山澗道迫狹，地形深數尺數丈者為天隙。」❿潢井葭葦：《新注》：「指長滿蘆葦的低窪地帶。潢井，低窪地；葭葦，蘆葦。」其他各家均將「潢井」與「葭葦」分為二詞注，考此節文義，以《新注》為善。⓫山林蘙薈：《新注》：「指草木長得很繁茂的山林地帶。蘙薈，草木長得很茂盛。」同上，《新注》善。⓬伏奸之所處：伏奸藏匿的地方。奸：奸細，伏兵。

【譯文】

大凡駐軍，都是喜好高處而厭惡低處，選擇向陽地而避開陰濕地，養軍在靠近水草的便利地方，駐紮在朝陽乾燥的高處，軍隊不發生任何疾病，這才稱得上必勝之軍。丘陵堤防，一定要駐紮在它的向陽面，且右邊依托著它。這是用兵的有利條件，是地形給予的資助。上游下雨，河中必有水沫漂來，想過河的話，一定等水沫消失以後。凡是地形中有「絕澗」、「天井」、「天牢」、「天羅」、「天陷」、「天隙」等情況，一定迅速離開它，切勿接近。我方遠離它，讓敵方接近它；我方對著它，使敵方背著它。軍隊行進中，遇到艱難險阻之處，長滿蘆葦的低窪地，草木茂密的山林地，一定要仔細反覆地搜索，因為這些地方往往是奸細伏兵的藏匿之處。

敵近而靜者，恃其險也❶；遠而挑戰者，欲人之進也❷；

其所居易者，利也❸。眾樹動者，來也❹；眾草多障者，疑也❺；鳥起者，伏也❻；獸駭者，覆也❼。塵高而銳者，車來也；卑而廣者，徒來也❽；散而條達者❾，樵采也；少而往來者，營軍也❿。辭卑而益備者，進也；辭強而進驅者，退也；輕車先出居其側者，陳也⓫；無約而請和者，謀也⓬；奔走而陳兵車者，期也⓭；半進半退者，誘也⓮。杖而立者⓯，飢也；汲而先飲者，渴也⓰；見利而不進者，勞也⓱。鳥集者，虛也⓲；夜呼者，恐也⓳；軍擾者，將不重也⓴；旌旗動者，亂也；吏怒者，倦也㉑；粟馬肉食，軍無懸缻㉒，不返其舍者，窮寇也。諄諄翕翕㉓，徐與人言者，失眾也；數賞者，窘也㉔；數罰者，困也㉕；先暴而後畏其眾者，不精之至也㉖；來委謝者，欲休息也㉗。兵怒而相迎，久而不合，又不相去，必謹察之。

【注釋】

❶敵近而靜者，恃其險也：敵人離我方很近卻很安靜，是依恃著某種險要的條件。此句開始言「相敵」，一氣敘了三十二法。❷遠而挑戰者，欲人之進也：敵人遠離我，卻出來挑戰，那是希望我前往。此句承上句省「敵」。人：此指我方。陳皞曰：「敵人相近而不挑戰，恃其守險也。若遠而挑戰者，欲誘我使進，然後乘而奮擊也。」❸其所居易者，利也：敵人捨險而選平易之地駐軍，一定有其便利條件。張預曰：「敵人舍險而居易者，必有利也。或曰：敵欲人之進，故處於平易，以示利而誘我也。」按：「或曰」未切。此又一「相敵」之法。❹眾樹動者，來也：前方林木搖動，那是敵人來了。曹操注：「斬伐樹木，除道進來，故動。」❺疑：使我疑惑。曹操曰：「結草為障，卻使我疑也。」❻伏：伏兵。曹操曰：「鳥起其上，下有伏兵。」❼覆：大軍暗中掩襲。曹操注：「敵廣陳張翼，來覆我也。」李筌曰：「不意而至曰覆。」❽卑而廣者，徒來也：揚起的塵埃低而面積廣的，那是敵人步卒開來了。張預曰：「徒步行緩而迹輕，又行列疏遠，故塵低而來。」❾散而條達：零散而呈條縷狀。杜牧曰：「樵采者，各隨所向，故塵埃散衍。條達，縱橫斷絕貌也。」王皙曰：「條達，纖微斷續之貌。」❿營軍：察看地形，準備立營的敵軍。梅堯臣注：「輕兵定營，往來塵少。」⓫輕車先出居其側者，陳也：戰車先出其營之側面，是列陣欲戰。陳：陣，這裡作動詞，布陣，列陣。曹操曰：「陳兵欲戰也。」杜牧曰：「出輕車，先定戰陣疆界也。」⓬無約而請和者，謀也：未至屈困之境而請和，必有奸謀。約：困頓，困屈。同〈虛實篇〉「吾之所與戰者約矣」之「約」。陳皞曰：「今言無約而請和，蓋總論兩國之帥，或侵或伐，彼我皆未屈弱，而無故請和好者，此必敵人國內有憂危之事，欲為苟且暫安之計，不然，則知我有可圖之勢，欲使不疑，只求和好，然後乘我不備而來取也。」一般注家均以「約」為質盟之約。如李筌曰：「無質盟之約請和者，必有謀於人。」並存之。⓭期：限定時間地點緊急布陣之意。李筌曰：「戰有期及將用，是以奔走之。」杜牧曰：「蓋先出車定戰場界，立旗為表，奔走赴表，以為陳也。旗者，期也，與民期於下也。《周禮·大蒐》曰『車驟徒趨，及表

乃止』是也。」張預曰：「立旗為表，於民期於下，故奔走以赴之。」⓮半進半退者，誘也：似進不進，似退不退；進一進，退一退，這是誘使我追擊它。又，古注各家謂「半進半退」為「偽示雜亂」，張預曰：「詐為亂形，是誘我也。」⓯杖而立：倚仗兵器而站立。杖：兵杖兵器，此作動詞，倚兵杖，倚兵器。梅堯臣注：「倚兵而立者，足見飢弊之色。」王晳曰：「倚杖者，困餒之相。」⓰汲而先飲者，渴也：張預注：「汲者未及歸營而先飲水，是三軍渴也。」⓱見利而不進者，勞也：杜佑曰：「士疲倦也。敵人也，見我利而不能擊進者，疲勞也。」梅堯臣曰：「人其困乏，何利之趨！」⓲鳥集者，虛也：群鳥集中其上，則其下營壘已空。張預曰：「凡敵潛退，必存營幕，禽鳥見空，鳴集其上。」⓳夜呼者，恐也：敵軍士夜晚有聲相呼，是恐懼怯懦。曹操曰：「軍士夜呼，將不勇也。」杜牧曰：「恐懼不安，故夜呼以自壯也。」⓴軍擾者，將不重也：敵軍多驚擾，是將領無威容，不持重。李筌曰：「將無威重則軍擾。」陳皥曰：「將法令不嚴，威容不重，士因以擾亂也。」㉑吏怒者，倦也：軍吏忿怒，是士眾倦煩了。杜牧曰：「眾悉倦弊，故吏不畏而忿怒也。」賈林曰：「人困則多怒。」梅堯臣曰：「吏士倦煩，怒不畏避也。」㉒粟馬肉食，軍無懸缻：以糧食餵馬，殺牲口吃，此皆處於窮途，不作長遠打算之舉。懸缻：缻，古時汲水用的尖底瓦器，不用時以繩懸之，故曰懸缻。張預曰：「捐糧穀以秣馬，殺牛畜以饗士，破釜及缻，不復炊爨，暴露兵衆，不復反舍，茲窮寇也。」㉓諄諄：遲鈍，有氣無力貌。《辭海》「諄諄，遲鈍貌。」杜牧注：「諄諄，乏氣聲促也。」翕翕：和合貌。曹操注：「諄諄，語貌；翕翕，失態貌。」㉔數賞者，窘也：杜牧曰：「勢力窮窘，恐眾為叛，數賞以悅之。」㉕數罰者，困也：梅堯臣曰：「人弊不堪命，屢罰以立威。」㉖先暴而後畏其衆：先對部下刻暴後畏部衆離散。不精：不精明。梅堯臣注：「先行乎嚴暴，後畏其眾離，訓罰不精之極也。」㉗委謝：委質來謝，帶貴重禮品來言好。此句梅堯臣注：「力屈欲休兵，委質以來謝。」張預注：「以所親愛委質來謝，是勢力窮極，欲休兵息戰也。」

【譯　文】

敵人離我很近卻很鎮靜的，是依恃它有險要的條件；敵人離我很遠而前來挑戰的，是企圖誘我前往；敵人捨險而居平易之地，一定有它的好處或企圖。前方許多樹木搖動，那是敵人偷襲來了；草叢中到處設置偽裝、障礙，那是企圖迷惑我；鳥兒驚飛而起，下面必有伏兵；野獸驚駭逃竄，那是大軍掩襲過來了；前方塵埃飛揚得高而尖，那是敵人的戰車來了；塵埃飛揚得低而廣，那是敵人的步卒來了；塵埃零散而絲絲縷縷，那是有人在打柴；塵埃飛揚得少且往來不定，那是察看地形，準備立營的敵軍。敵人使者言辭謙下而部隊卻加緊備戰的，是企圖向我進攻；敵人使者言辭強硬而先頭部隊又向前逼進的，那是在準備撤退；戰車先出據軍營側翼的，那是在布陣；沒有陷入困屈之境卻來請和的，是另有奸謀；敵人往來奔跑而展開兵車的，是在緊急集合以布陣決戰；敵人似進非進，進一進，退一退，是企圖誘我前往；敵兵倚著兵器而站立，是飢餓的表現；取水的敵軍汲水後先自飲，說明敵軍都很乾渴；敵軍見明顯的利益也不前往爭取，那是太勞頓了。群鳥聚集敵營上方，敵營必已空虛；敵軍夜有呼叫聲，是因為軍心慌恐；敵軍紛亂無序，是敵將沒有威嚴；敵人旌旗亂動，是敵營陣已亂；敵軍吏憤怒，是太煩倦也；敵人以糧餵馬，殺牲口吃，軍中沒有懸著的汲水器，決心不返營舍的，那是處於窮途末路的敵人；敵將慢聲乏氣地與人緩緩交談，是將領已失去眾士之心；再三實行懸賞的，是已處於窘迫之境，恐士眾叛離；再三實行處罰的，是陷於困弊之境，希圖以罰立威；敵將先對士卒暴虐，後又畏懼士卒叛離的，那是愚蠢到極點的蠢將；帶來禮品談判的，是想休兵息戰；敵人盛怒而來，卻久不交戰又不撤離，必須仔細審察，摸清它的真實意圖。

兵非益多也，惟無武進❶，足以並力、料敵、取人而已❷。夫惟無慮而易敵者❸，必擒於人❹。

【注釋】

❶兵非益多也，惟無武進：武進，恃勇輕進，此句言兵眾並非愈多愈好，只是不能恃勇輕進，因如果恃勇輕進，「多」也無益。那麼，何以為準呢？此即下句所言。❷足以並力、料敵、取人而已：言足夠做到同心協力，判明敵情，戰勝敵人就可以了。❸無慮而易敵者：沒有謀略而又輕視敵人的人。易：以……易與。易敵：即認為敵人容易對付，意即輕敵。❹擒於人：被敵人擒獲。

【譯文】

兵眾並非越多越好，只是不能恃勇輕進，能夠做到同心協力、判明敵情，戰勝敵人就夠了。只有那些沒有謀略而又輕敵的人，才一定會被敵人所擒獲。

卒未親附而罰之❶，則不服，不服則難用也；卒已親附而罰不行，則不可用也❷。故令之以文，齊之以武❸，是謂必取。令素行以教其民❹，則民服；令不素行以教其民，則民不服。令素行者，與眾相得也❺。

【注釋】

❶此句杜牧注曰：「恩信未洽，不可以刑罰齊之。」親附：親近，歸附。❷此句曹操注曰：「恩信已洽，若無刑罰，則驕惰難用也。」❸令之以文，齊之以武：用政治道義教育士卒，用軍紀軍法統一步調。令：教令，這裡指教育。齊：齊一，這裡作動詞，統一。文：文德，政治。武：武威，法令。曹操注：「文，仁也；武，法也。」李筌注：「文，仁恩；武，威罰。」❹素：平常。❺相得：相融洽。

【譯　文】

士卒還未親近依附就施行處罰，那麼，士卒就必然不服，不服就難以使用；士卒已經歸附而法紀不施行，那麼，這樣的士卒就不堪使用。因而，要以政治、教令教育士卒，要以軍紀、軍法來統一步調。這樣，才稱得上成為必勝的軍隊。平常一貫以教令教士卒、執行法紀的，士卒就服從；平常不以教令教士卒、不執行法紀的，士卒就不服。教令一貫執行得好，就與士眾相融洽。

卷十一 地形篇

地形篇

第十

導讀

本篇與〈九地〉均是論述軍事地理的。

本篇是從客觀上、戰略上闡述範圍廣闊的、具有一定特徵性的地理地貌條件對戰爭的影響，指出「地形」是用兵之助，但如將帥不善於用兵，不善於利用地形，不善於駕馭部隊，其戰鬥失敗則「非天之災」，只有「知彼知己，勝乃不殆；知天知地，勝乃不窮」。本篇分四部分論述。

第一部分，作者將「地形」分成六類，具體指出各種類型條件下的用兵原則；第二部分則列舉了「六敗」的情況，說明這些失敗「非天之災」，皆「將之過」；第三部分則在此基礎上說明地形是用兵的輔助條件，主將必須善於利用，對那些不明戰況，不知戰道的國君，命令可以不聽，而將帥本身必須是「進不求名，退不避罪，而利合於生」。

最後，作者指出，要百戰百勝，必須善於治軍，必須「知彼知己」，「知天知地」，只有全面熟練地運用自然的與人事的一切條件，才能「勝乃不窮」。

孫子曰：地形有通者，有掛者，有支者，有隘者，有險者，有遠者。我可以往，彼可以來，曰通❶；通形者，先居高陽，利糧道❷，以戰則利。可以往，難以返，曰掛❸；掛形者，敵無備，出而勝之；敵若有備，出而不勝，難以返，不利。我出而不利，彼出而不利，曰支❹；支形者，敵雖利我，我無出也；引而去之，令敵半而擊之，利。隘形者，我先居之，必盈之以待敵❺；若敵先居之，盈而勿從，不盈而從之。險形者，我先居之，必居高陽以待敵；若敵先居之，引而去之，勿從也。遠形者❻，勢均❼，難以挑戰，戰而不利。凡此六者，地之道也；將之至任，不可不察也。

【注釋】

❶通：《易・繫辭》：「往來無窮謂之通。」❷利糧道：使糧道暢通。利，用如使動詞。此句張預注：「先處戰地以待敵，則致人而不致於人。我雖居高面陽，坐以致敵，亦慮敵人不

來赴戰，故須使糧餉不絕，然後為利。」❸掛：梅堯臣注：「網羅之地，往必掛綴。」❹支：杜佑曰：「支，久也，俱不便久相持也。」❺盈：杜佑曰：「盈，滿也，以兵陳滿隘形，欲使敵不得進退也。」此句曹操注：「隘形者，兩山間通谷也，敵勢不得撓我也。我先居之，必前齊隘口，陳而守之，以出奇也。敵若先居此地，齊口陳，勿從也。即半隘陳者從之，而與敵共此利也。」杜牧注：「盈者，滿也。言遇兩山之間，中有通谷，則須當山口為營，與兩山口齊，如水之在器而盈滿也。」❻遠形：兩軍相距較遠。❼勢均：雙方所處地形與對方形成的態勢均等。杜牧注：「譬如我與敵壘相去三十里，若我來建敵壘而延敵欲戰者，是我困敵銳，故戰者不利。若敵來就我壘，延我欲戰者，是我佚敵勞，敵亦不利。故曰勢均。然則如何？曰：欲必戰者，則移相近也。」

【譯　文】

孫子說：地形有通、掛、支、隘、險、遠六種。我可以往，敵人也可以來，這種地區稱為「通」。在這種地區作戰，必須先搶占高陽之處，並使糧道暢通，這樣，交戰就有利。凡是前往容易而返回艱難的地區稱為「掛」。在掛形地區作戰，敵人若無防備，出擊可以勝敵；敵人若有防備，出擊不可勝而自己卻難以返回，不利。凡是我出擊不利，敵方出擊也不利的地區，稱「支」。在支形地區，敵人即使以利誘我，我也不能出擊，率軍離開，讓敵人從支形地區出發一半時突然回擊它，有利。在兩山間有狹窄通谷的隘形地區作戰，如果我先占據了隘口，一定齊隘口而滿陳兵以待敵；若敵人先佔據隘口，滿陳兵封住了隘口，就不要進攻；如果敵人只佔了隘口一部分，並未布兵陣全部封鎖，則可以進攻。在「險形」地區作戰，如果我先據險地，一定選擇高陽之處來等待敵人；如果敵人先占險地，就率軍離去，不要仰攻敵人。在「遠形」地區作戰，雙方態勢均等，難以挑戰引敵，無論哪一方挑戰都不利。大凡這六個方面，是運用地理條件的原則，掌握這些原則，是將領們至關重要的責任，不能不認真的加以研究。

故兵有走者，有弛者，有陷者，有崩者，有亂者，有北者。凡此六者，非天之災❶，將之過也❷。夫勢均，以一擊十，曰走❸；卒強吏弱，曰弛❹；吏強卒弱，曰陷❺；大吏怒而不服❻，遇敵懟而自戰，將不知其能，曰崩❼；將弱不嚴，教道不明，吏卒無常❽，陳兵縱橫，曰亂。將不能料敵，以少合眾，以弱擊強，兵無選鋒❾，曰北❿。凡此六者，敗之道也；將之至任，不可不察也。

【注釋】

❶非天之災：不是客觀自然條件所造成的災害。天：與「人」相對，指包括「地」在內的一切客觀外界。此句言「災」不在客觀外界之「天」，而在「人」，故下言「將之過也」。❷將之過也：是將帥的失誤所造成的。張預注：「凡此六敗，咎在人事。」❸走：逃跑。此言一觸即敗，望風而逃之軍。❹卒強吏弱，曰弛：士卒強悍，將吏懦弱，官不能統眾，是廢弛的軍隊。曹操注：「吏不能統，故弛壞。」杜牧曰：「言卒伍豪強，將帥懦弱，不能驅率，故弛坼壞散也。」❺吏強卒弱，曰陷：軍吏強悍，士卒懦弱，不堪驅使，這叫失陷之軍。曹操曰：「吏強欲進，卒弱輒陷，敗也。」王皙曰：「為下所陷。」❻大吏：曹操注「小將也」，蓋指主將

之下的中上層軍官。❼懟：怨恨，與「怒」互文見義。崩：崩潰。此句言軍中大吏恚怒而不聽主將之令，遇敵便戰，主將也不了解他的能力，這叫崩潰之軍。❽吏卒無常：指下級將領和士卒沒有可遵循的常規常法。常：常規，一定的法紀。❾選鋒：精選出來的精銳的前鋒分隊。遠在春秋前，軍事家就從經驗中意識到前鋒先頭部隊的重要性，懂得了前鋒若敗，全軍奪氣的規律，故異常重視精選士卒組成精銳的尖刀部隊置於陣之前鋒，並把這種充當鋒刃的部隊稱為選鋒。當然，挑選士卒組成這個部隊也叫選鋒。大陣、小陣、大隊、小隊，均有選鋒。《孫臏兵法．威王問》：「威王問：『地平卒齊，合而北者，何也？』孫子曰：『其陣無鋒也。』」又〈八陣〉：「誨(每)陣有鋒，誨鋒有後。皆待令而動。」《尉繚子．戰威》：「武士不選，則眾不強。」❿北：敗逃。甲骨文、篆文皆兩相背人形，意謂人皆向戰，有人轉身背向而走，此即敗逃，逃跑。

【譯文】

失敗的軍隊有走、弛、陷、崩、亂、北六種。大凡這六種情況，不是客觀自然條件不好所造成的，是將領們的過失所導致的。如果雙方所處態勢相當，卻以一擊十，必然望風而逃，這叫「走」——逃遁之軍；士卒強悍而將吏懦弱，這叫「弛」——廢弛之軍；將吏強悍而士卒懦弱，這叫「陷」——失陷之軍；部將怨怒，不服從指揮，遇敵憤然擅自交戰，主將又不了解他的能力而加以控制，必然崩散，這叫「崩」——崩潰之軍；將領無能，不能嚴格約束部隊，教導訓練沒有明確的理論、方法，部下無遵循的常規法紀，行陣混亂，這叫「亂」——混亂之軍；將帥不能準確地判斷敵情，卻以少擊眾，以弱擊強，行陣又無精銳的前鋒，這叫「北」——敗退的軍隊。大凡這六種情況，都是致敗的原因，了解並避免這些弊端，是將領們至關重要的責任，不能不認真加以研究。

夫地形者，兵之助也。料敵制勝，計險阨、遠近❶，上將之道也❷。知此而用戰者必勝，不知此而用戰者必敗。故戰道必勝，主曰無戰，必戰可也；戰道不勝❸，主曰必戰，無戰可也。故進不求名，退不避罪，唯人是保，而利合於主，國之寶也。

【注釋】

❶計險阨、遠近：考察地勢的險易，路程的遠近。阨：險要之處。計「險」、「易」自在其中。❷上將：《新注》：「這裡指主將。」❸戰道：此指戰場態勢所呈現的趨勢。戰道必勝：戰場態勢呈現出必勝趨勢。

【譯文】

地形，是用兵的輔助條件。判明敵情，制定致勝方略，考察研究地形的險易、遠近，這些是主將必須履行的職責。懂得這些而指揮作戰的人必勝，不懂得這些指揮作戰的人必敗。因而，按戰爭實況的發展，有必勝的條件與趨勢，即使君主下令不戰，主將一定要戰也可以；如果按戰爭實況發展，無勝利條件，即使君主下令要戰，主將不戰也可以。總之，進不求名，退不避罪，一心只求保護民眾而符合國君長遠的根本利益，這樣的將帥，才是國家的棟樑啊！

視卒如嬰兒，故可與之赴深谿；視卒如愛子，故可與之俱死。厚而不能使❶，愛而不能令❷，亂而不能治❸，譬如驕子，不可用也。

【注釋】

❶厚而不能使：厚養而不能使用。此句與下句互文。厚：指優厚地對待。使：驅使，任用。❷愛而不能令：溺愛而不能使令。❸亂而不能治：違法亂紀而不服整治。

【譯文】

關懷士卒如關照嬰兒一樣備致，那麼士卒就可與將帥共赴深淵而不畏艱險；對待士卒像對待心愛的兒子一樣親切、信任，那麼士卒就可與將帥同生死共患難。如果厚養而不能使用，溺愛而不能行令，違法亂紀而不服懲治，這樣的士卒就像「驕子」一樣，是不堪使用。

知吾卒之可以擊，而不知敵之不可擊，勝之半也；知敵之可擊，而不知吾卒之不可以擊，勝之半也；知敵之可擊，知吾卒之可以擊，而不知地形之不可以戰，勝之半也。故知兵者，動而不迷❶，舉而不窮❷。故曰：知彼知己，勝乃不殆；知天知地，勝乃不窮。

【注釋】

❶動而不迷：行動果斷，毫不迷茫。❷舉而不窮：舉措隨機應變，是無窮無盡的。

【譯文】

知道自己的部隊可以出擊，而不知敵人不可攻擊，勝利的可能性只有一半；知道敵人可以攻擊，而不知道自己的部隊不可出擊，勝利的可能性只有一半；知道敵人可擊，知道自己的部隊可以出擊，而不知地形不利於我作戰，勝利的可能性也只有一半。因而，熟知用兵之妙的人，他的行動是準確果斷的，他的舉措是隨機應變，變化無窮的，因此說，了解對方也了解自己，勝利就不成問題；了解天候，又了解地形，勝利就無窮無盡。

卷十一　九地篇

九地篇

第十一

導讀

九地，指各種複雜的戰地，九，極言其多。

上篇之「地」，純係自然地理概念，此篇之「地」，有些則加上了環境氛圍因素，如散地、輕地、重地、絕地等。

本篇闡述了不同地理環境下的作戰原則和處置方法，並以較大的篇幅論述了適於各種環境條件下的重要的戰略戰術原則和治軍原則。如：對嚴整強大之敵，先「奪其所愛」；軍隊要指揮得如常山之蛇，救應自如，使「犯三軍之眾，若使一人」；領兵要「靜以幽，正以治」；將士卒「投之亡地然後存，陷之死地然後生」；「順佯敵之意，並敵一向，千里殺將」等。其中愚士卒之耳目及強調將士卒投之於險的觀點是不足取的。

孫子曰：用兵之法，有散地，有輕地，有爭地，有交地，有衢地，有重地，有圮地，有圍地，有死地。諸侯自戰其地，為散地❶。入人之地而不深者，為輕地❷。我得則利，彼得亦利者，為爭地❸。我可以往，彼可以來者，為交地❹，諸侯之地三屬❺，先至而得天下之眾者，為衢地❻。入人之地深，背城邑多者❼，為重地❽。行山林、險阻、沮澤，凡難行之道者，為圮地。所由入者隘，所從歸者迂❾，彼寡可以擊吾之眾者，為圍地。疾戰則存，不疾戰則亡者，為死地❿。是故散地則無戰，輕地則無止⓫，爭地則無攻⓬，交地則無絕⓭，衢地則合交⓮，重地則掠⓯，圮地則行⓰，圍地則謀⓱，死地則戰⓲。

【注釋】

❶散地：言士卒近家，戰不利則心易散。曹操注：「士卒戀土，道近易散。」杜牧曰：「士卒近家，進無必死之心，退有歸投之處。」❷輕地：言入敵境未遠，亦可輕易返回，故言輕地。梅堯臣曰：「入敵未遠，道近輕返。」❸爭地：誰先佔領就有利的必爭之地。曹操曰：「可以少勝眾，弱擊強。」杜牧曰：「必爭之地，乃險要也。」❹交地：交通網路之地。曹操曰：「道正相交錯也。」張預曰：「地有數道，往來通達，而不可阻絕者，是交錯之地也。」❺三屬：屬，連接。敵我與他國相鄰之地。曹操曰：「我與敵相當，而旁有他國也。」❻衢

地：國境上多國連結，可以四通之地。張預曰：「衢者，四通之地，我所敵者，當其一面而旁有鄰國，三面相連屬，當往結之，以為己援。先至者，謂先遣使以重幣約和旁國也。兵雖後至，已得其國助矣。」❼背城邑：背負城邑，指穿過敵境內城邑，或曰背後有敵城邑。❽重地：與輕地對言，指入敵境遠的難返之地。曹操曰：「難返之地。」此句梅堯臣注：「乘虛而入，涉地愈深，過城已多，津要絕塞，故曰重難之地。」❾所由入者隘，所以歸者迂：進入的道路狹隘而回歸的道路迂遠。❿死地：蓋不速戰以求生則會被消滅之地。梅堯臣注：「前不得進，後不得退，旁不得走，不得不速戰也。」⓫無止：不可止留。梅堯臣曰：「以速進為利。」⓬爭地則無攻：言敵已據爭地則不可攻。梅堯臣曰：「形勝之地，先據乎利，敵若已得其處，則不可攻。」⓭交地則無絕：在交地，部伍相聯結，不可斷絕。梅堯臣曰：「道既錯通，恐其邀截，當令部伍相及，不可斷也。」⓮衢地則合交：在衢地，則當結交諸侯，陷敵於孤立。《左傳》隱公六年：「親仁善鄰，國之寶也。」⓯重地則掠：處於重地則掠奪敵資糧。此即「因糧於敵」意。梅堯臣曰：「去國既遠，多背城邑，糧道必絕，則掠畜積以繼食。」⓰圮地則行：遇圮地則迅速通行。張預曰：「難行之地，不可稽留也。」⓱圍地則謀：處圍地則發謀以取勝。⓲死地則戰：處死地則力戰以求生。

【譯　文】

孫子說：根據用兵的原則，戰地有散地、輕地、爭地、交地、衢地、重地、圮地、圍地、死地等多種。諸侯在自己領地內作戰，這種戰地稱為散地。進入敵境不遠的戰地，稱為輕地。我先佔領於我有利，敵先佔領於敵有利，此為爭地。我可以前往，敵人也可以進來，此為交地。多國交界，先得到便容易取得天下支持的，為衢地。入敵境縱深，穿過敵境許多城邑的地方，稱為重地。山林、險阻、沼澤等大凡難行的地方，稱為圮地。進入的道路狹隘，回歸的道路迂遠，敵人以少數兵力便可抗擊我大部隊的地方，稱為圍地。迅速奮戰便可生存，不迅速奮戰就會滅亡的為死地。因而，在散地不宜交戰；在輕地不要停留；在爭地，敵若佔據，不可進攻；在衢地則注意結交諸侯；在重地，則掠取資糧；在圮地則迅速通過；在圍地則巧設計謀；在死地則殊死奮戰。

所謂古之善用兵者，能使敵人前後不相及❶，眾寡不相恃❷，貴賤不相救❸，上下不相收❹，卒離而不集，兵合而不齊。合於利而動，不合於利而止。敢問：敵眾整而將來，待之若何？曰：先奪其所愛❺，則聽矣❻。兵之情主速❼，乘人之不及，由不虞之道❽，攻其所不戒也。

【注　釋】

❶不相及：不相連續。及：本為「趕上」，此為「連也」、「繼也」。❷眾寡不相恃：大部隊與小部隊不能協同依恃。❸貴賤：官與兵。春秋時軍中貴族為官，奴隸為兵。❹不相收：不相統屬，不能收聚。收：聚也。❺奪其所愛：剝奪敵人所愛惜依恃的有利條件。❻聽：屈從。❼兵之情主速：用兵的情理是以神速為主。❽由不虞之道：經由敵人料想不到的道路。虞：料想。

【譯　文】

通常人們稱讚的古代善用兵的人，能使敵人前後不相連續，大部隊與小部隊無法相依恃，官與兵無法相救援，上下級無法相統屬，士卒離散而不能集合，即使集合也無法統一行動。符合自己的利益就立即行動，不符合自己利益就停止行動。或許有人問：「敵軍甚眾，且又整肅，將向我進攻，我該如何對付它？」回答是：先去除敵人所珍愛、依恃的方面，那麼，敵人就被動屈從了。用兵的情理是以神速為主，乘敵人措手不及的時機，經由敵人料想不到的道路，攻擊敵人未加戒備的地方。

凡為客之道❶：深入則專❷，主人不克❸；掠於饒野，三軍足食；謹養而勿勞❹，並氣積力❺；運兵計謀❻，為不可測❼。投之無所往❽，死且不北❾，死焉不得，士人盡力❿。兵士甚陷則不懼⓫；無所往則固⓬，深入則拘⓭，不得已則鬥。是故其兵不修而戒⓮，不求而得⓯，不約而親⓰，不令而信⓱，禁祥去疑⓲，至死無所之⓳。吾士無餘財，非惡貨也⓴；無餘命，非惡壽也㉑。令發之日，士卒坐者涕沾襟，偃臥者涕交頤㉒。投之無所往者，諸、劌之勇也㉓。

【注釋】

❶為客之道：進攻部隊的用兵規律。客：外來人。這裡指進攻的一方。下文的「主」與「客」相對，指被進攻一方。古兵法中「主」、「客」均指此。❷深入則專：深入敵境則士卒心

志專一。❸主人不克：被進攻者不能勝我。梅堯臣曰：「為客者，入人之地深，則士卒專精，主人不能克我。」❹謹養而勿勞：認真養練休整，勿使疲勞。❺並氣積力：鼓舞士氣，積蓄力量。並：合併，此為鼓舞、激勵之意。❻運兵計謀：部署兵力，設計謀略。運：調動，部署。計：籌劃，設計。❼為不可測：謂使敵莫測。為：動詞，做成，做到。❽無所往：即無路可走。「投之無所往」猶言置之死地。❾死且不北：寧死也不敗退。且：尚且。❿死焉不得，士人盡力：諸家皆如此斷句，且訓「得」為「得勝」、「得志」、「得用命」。宋鄭友賢《孫子遺說》則謂：「諸家斷為二句者，非武之本義也。」此說甚是。斷為二句，於義未安，當連為一句，謂「死焉不得士人盡力？」即置於死地士卒必人人盡力之意。若如此，上下文意乃順。⓫兵士甚陷則不懼：言兵士深陷於危難之中，那麼，反而無所畏懼了。張預曰：「陷在危亡之地，人持必死之志，豈復畏敵也？」⓬固：堅固，指人心堅固，無存他想。⓭拘：縛也。此喻士卒依附而不敢離散如拘縛之狀。⓮不修而戒：不待休整而自戒備。杜牧曰：「不待修整而自戒慎。」張預曰：「不修整而自戒懼」⓯不求而得：不待徵求而情意已得。梅堯臣曰：「不索而得情自得」張預曰：「不求索而得情意。」一謂意為「不待要求而得士人盡力」，並存。⓰不約而親：不待約束而自親和。梅堯臣曰：「不約而眾自親。」⓱不令而信：不待號令而自信從。⓲禁祥去疑：迷信活動停止了，疑惑消除了。梅堯臣曰注：「妖祥之事不作，疑惑之言不入。」祥，本「福」義，然「統言之災亦謂之祥」（見《說文》段玉裁注）。《漢書・五行志》：「妖孽自外來者之謂祥。」《左傳》僖公六年「是何祥也」即指何徵兆。此處泛指預兆吉凶的迷信活動。⓳之：動詞，往。⓴無餘財，非惡貨也：言兵卒毀棄財物，不攜帶必需品以外之物，非不愛財物，實乃性命不保，何惜財物。梅堯臣曰：「不得已竭財貨。」㉑無餘命，非惡壽也：言不顧性命去拚命搏鬥，並非不願長壽，實乃身陷死地，不得不捨命以求生也。梅堯臣曰：「不得已盡死戰。」㉒偃臥：仰臥。頤：面頰。㉓諸劌：專諸、曹劌。春秋時著名勇士。專諸，春秋吳國堂邑人。吳公子光陰謀殺吳王僚而自立，伍子胥窺測其意而薦專諸於公子光，光使專諸藏匕首於炙魚腹中，乘進獻時刺吳王僚，立死；專諸亦被吳王僚衛士所殺。曹劌，即曹沬，春秋魯人，事魯莊公。齊桓公與魯莊公會盟於柯（今山東東阿），曹沬執匕首登壇劫齊桓公，迫使其歸還所侵之魯地。二者事詳《史記．刺客列傳》。

【譯　文】

大凡進入敵國境內作戰的一般規律是：深入敵人腹地，士卒們心志專一，敵人不能戰勝我；掠奪敵人富饒的鄉野，三軍的糧食供給就充足了；認真養練部隊，不使他們疲勞，鼓舞士氣，積聚力量；部署兵力，設計謀略，要使敵人無法測知我方虛實、意圖；把士卒置於無路可走的境地，至死也不會敗退，死都不怕，士卒自然人人盡力作戰。士卒真正深陷危亡之境就無所畏懼；無路可走時反而軍心穩固；入敵境縱深之地，士卒自然依附而不敢渙散；在不得已的情況下，必然會拚死戰鬥。因此，在這種情況下，軍隊不用整治，也會加強戒備，不用徵求，下情自然上達；不用約束，也能親和互助；不用申令也能遵紀守法；迷信活動自然停止，士兵也不再疑慮，至死也不會逃逸。士卒們不留多餘的財物，不是他們厭惡財物；士卒們不顧生命危險，不是他們不想活命。作戰命令發布的時候，士卒們坐著的淚濕衣襟，仰臥的淚流滿面，一旦把他們置於無路可走的境地時，便都有專諸、曹劌一般的勇敢了。

故善用兵者，譬如率然❶；率然者，常山之蛇也❷。擊其首則尾至，擊其尾則首至，擊其中則首尾俱至。敢問：兵可使如率然乎？曰：可。夫吳人與越人相惡也，當其同舟而濟，遇風，其相救也如左右手。是故方馬埋輪❸，未足恃也；齊勇若一，政之道也❹；剛柔皆得，地之理也❺。故善用兵者，攜手若使一人❻，不得已也。

【注釋】

❶率然：古代傳說中的一種蛇。《神異經·西荒經》：「西方山中有蛇，頭尾差大，有色五彩。人物觸之者，中頭則尾至，中尾則頭至，中腰則頭尾並至，名曰率然。」❷常山：即恆山。五嶽之北嶽，在山西渾源南。西漢為避諱漢文帝劉恆的「恆」字，改為常山。北周武帝時，又改稱恆山。漢簡作「恆山」。❸方馬埋輪：古車戰時代，其陣外圍為戰車所排列，猶如車之城垣，有時為求陣勢穩固，將馬縛住，將車輪深埋起來，使陣不易被敵衝破，此作法稱為方馬埋輪。《楚辭·國殤》：「霾兩輪兮縶四馬，援玉枹兮擊鳴鼓。」正指這種狀況。曹操注：「方，縛馬也。埋輪，示不動也。此言專難不如權巧。故曰方馬埋輪，不足恃也。」杜牧曰：「縛馬使為方陣，埋輪使不動，雖如此，亦未足稱為專固而足為恃。」❹齊勇若一，政之道也：言三軍齊勇如一人，靠的是軍政之道嚴明，即治軍有方。梅堯臣曰：「使人齊勇如一心而無怯者，得軍政之道也。」❺剛柔皆得，地之理也：強者和弱者都能充分發揮戰鬥力，是巧妙地借助地形使然。王晳曰：「剛柔，猶強弱也。言三軍之士，強弱皆得其用者，地利使之然也。」❻攜手若使一人：張預注：「三軍雖眾，如提一人之手而使之，言齊一也。」

【譯文】

善用於兵的人，他指揮的部隊就如「率然」一樣。「率然」，是常山的一種蛇。擊它的頭部，它的尾部彈過來救應，擊它的尾部，它的頭部彈過來救應，擊它的腰部，它的頭尾一齊彈過來救應。或問：軍隊可指揮得像率然一樣嗎？回答是：可以。吳人與越人是相互仇視的，當他們同船過渡突遇大風時，他們相互救助起來如同左右手。因此，縛馬埋輪，是不足以倚恃的穩定軍陣的辦法；三軍嚴整，勇敢如一人，靠的是治軍有方；勇敢的人和怯弱的人都得以發揮其戰鬥力，靠的是巧妙地運用地形。古代善於用兵的人，能使部隊攜手如同一個人一樣服從指揮，是將部隊置於不得已的情況下形成的。

將軍之事❶：靜以幽❷，正以治❸。能愚士卒之耳目，使之無知。易其事，革其謀，使人無識❹；易其居，迂其途，使人不得慮❺。帥與之期，如登高而去其梯❻；帥與之深入諸侯之地而發其機❼，焚舟破釜，若驅群羊，驅而往，驅而來，莫知所之。聚三軍之眾，投之於險，此謂將軍之事也。九地之變，屈伸之利，人情之理❽，不可不察。

【注釋】

❶將軍：率軍，統兵，領兵。❷靜以幽：沈靜而深邃。張預曰：「其謀事，則安靜而幽

深，人不能測。」❸正以治：公正而有條理。張預曰：「其御下，則公正而整治，人不敢慢。」❹此句梅堯臣注：「改其所行之事，變其所為之謀，無使人能識也。」❺此句梅堯臣注：「更其所安之居，迂其所趨之途，無使人能慮也。」❻帥與之期，如登高而去其梯：梅堯臣注：「可進而不可退也。」期，見〈行軍篇〉「奔走而陳兵車者，期也」注。❼帥與之深入諸侯之地而發其機：言將帥率兵深入重地後抓住戰機，發動攻勢。「發其機」參見〈勢篇〉「勢如彍弩，節如發機」注。❽九地之變，屈伸之利，人情之理：九地作戰原則的靈活運用，或屈或伸的利害關係，「深入則專」等士卒心理變化規律。張預曰：「九地之法，不可拘泥，須識變通，可屈則屈，可伸則伸，審所利而已。」王皙曰：「明九地之利害，亦當極其變耳。言屈伸之利者，未見便則屈，見便則伸。言人情之理者，深專、淺散，圍御之謂也。」屈伸：屈曲與伸展，軍事上指攻守進退。

【譯　文】

統帥軍隊這種事，要沈著鎮靜而幽密深邃，公平嚴正而整肅有方，能蒙蔽士卒的耳目，使他們無知。常改變所行之事，常變更所設之謀，使人無法識破用意；駐紮常變地方，行軍常迂迴繞道，使人無法捉摸真實意圖。將帥給部隊下達戰鬥命令，像登高抽去梯子一樣，使士卒有進無退；將帥與士卒深入諸侯重地，捕捉戰機，發起攻勢，焚舟毀橋，砸爛鍋灶，像驅趕羊群一樣，趕過去，趕過來，沒有誰明白到底要到哪裡去。聚集三軍之眾，將他們置於危險的境地，這就是領兵作戰的職責。各種地形的靈活運用，攻守進退的利害關係，士卒在不同環境中的心理變化規律，不能不認真加以考察。

凡為客之道：深則專，淺則散。去國越境而師者，絕地

也❶；四達者，衢地也；入深者，重地也；入淺者，輕地也；背固前隘者❷，圍地也；無所往者，死地也。是故散地，吾將一其志❸；輕地，吾將使之屬❹；爭地，吾將趨其後❺；交地，吾將謹其守；衢地，吾將固其結；重地，吾將繼其食；圮地，吾將進其途；圍地，吾將塞其闕❻；死地，吾將示之以不活。故兵之情：圍則禦，不得已則鬥，過則從❼。

【注釋】

❶絕地：指與本國隔絕的作戰地。九地實不止「九」，前文舉九類以應「九」，此處出絕地，漢簡本還出「窮地」，實為正常。作者分類標準各異，有的以距國遠近分，有的以作戰便利與否分，有的以地貌特點分，其類與類之間往往是相容的，如無論是絕地、重地、輕地、散地均可能有圮地、圍地、死地。❷背固前隘：背後險固，前路狹隘。梅堯臣曰：「背負險固，前當厄塞。」張預曰：「前狹後險，進退受制於人也。」❸一其志：統一士眾心志。一，用作使動詞。❹屬：連續。❺趨其後：緊緊地從後驅趕部隊快速前進。爭地志在必得，故需驅趕以疾進。「趨其後」的「其」與「一其志」、「使之屬」、「謹其守」、「固其結」、「繼其食」等的「之」「其」一樣，均指代所率部隊。漢簡此句作「爭地，吾將使不留」，使之不停留地前進，意思與此相近。❻塞其闕：即塞其缺，言堵住生路，使士卒死戰。❼過則

從：陷於險境十分深重則無不聽從。孟氏曰：「其陷則無所不從。」過：過度，過分，言陷之過分。

【譯文】

大凡進入敵國作戰的規律是：進入敵境越深，軍心越專一；越淺，士卒越容易離散。離開本土穿越邊境去敵國作戰的地方，稱為絕地；四通八達的戰地為衢地；進入敵境縱深的地方叫重地；進入敵境不遠的地方叫輕地；背靠險固前路狹窄的地方叫圍地；無路可走的地方叫死地。因此，在散地，我將好好地統一士卒心志；在輕地，我將注意使部隊保持連續；遇爭地，我將緊緊地從後驅趕部隊快速前進；在交地，我就要謹慎地加強防守；在衢地，我將鞏固與加強同諸侯國的聯繫；在重地，我將注意保證軍需糧餉的不斷供應；在圮地，我將率部隊迅速通過；在圍地，我將堵住可逃生的缺口；在死地，我將向士卒表示必死的決心。士兵的心理變化規律是：被包圍就會合力抵禦，不得已時就會殊死奮戰，陷於深重危難境地就非常聽從指揮。

是故不知諸侯之謀者，不能預交；不知山林、險阻、沮澤之形者，不能行軍；不用鄉導者，不能得地利。四五者❶，不知一，非霸王之兵也。夫霸王之兵，伐大國，則其眾不得聚；威加於敵，則其交不得合❷。是故不爭天下之交，不養天下之權❸，信己之私，威加於敵❹，故其城可拔，其國可隳❺。施無法之賞❻，懸無政之令❼，犯三軍之眾❽，若使一人。犯之以事，勿告以言；犯之以利，勿告以害。投之亡地然後存，陷之死地然後生。夫眾陷於害，然後能為勝敗❾。故為兵之事，在於順詳敵之意❿，並敵一向⓫，千里殺將，此謂巧能成事者也。

【注釋】

❶四五者：大凡這四五個方面的事。四五，相鄰數詞連用表約數。前以原文照引〈軍爭篇〉三句，接以「四五者」，乃包括未引之「兵以詐立，以利動，以分合為變」等，因已提了頭，未全部引用，故以「四五」總括當節所提幾事。❷威加於敵，則其交不得合：兵威指向敵國，他國懼我之威，不敢與該敵國結交，故言「其交不得合」。❸不爭天下之交，不養天下之權：不爭著與天下諸侯結交，也不培養哪個大國的權勢。因我為霸王之兵，要橫掃天下。杜牧注為「言不結鄰援，不蓄養機權之計，但逞兵威加於敵國」。❹信己之私，威加於敵：伸展自己對民眾的恩愛，兵威指向敵人。信，同「伸」。私：偏愛、恩愛。前句言使國內萬眾一心，後句言以兵刃指向敵國。《新注》謂「信己之私」為「依靠自己的力量，不必求助於他國」，並存。❺隳：毀。❻無法之賞：法外之賞，猶言破格之獎賞。❼無政之令：政外之令，即非常的政令。❽犯：干也。此為驅使、任用之意。❾為勝敗：言決定勝敗，主宰勝敗，猶言主動地極力爭取戰爭勝利。此處之「勝敗」為偏義複詞「勝」。❿順詳：即順

佯，假裝順從。順佯敵之意，即假裝順從敵人的意圖。一說「順」通「慎」，詳訓「審」即審慎考察敵人意圖之謂。並存。⓫並敵一向：即同仇敵愾一致向敵之謂。曹操注：「並兵向敵。」

【譯文】

不清楚各諸侯國企圖的人，不能參與外交；不熟悉山林、險阻、沼澤等地形及其運用原則的人，不能領軍作戰；不用嚮導的人，得不到有利的地形，類似這四五個方面的事，有一個方面不知道，就不能算霸王的軍隊。所謂霸王的軍隊，攻伐大國，迅猛得使敵國無法及時調動民眾與集結軍隊；兵威指向敵人，那麼敵人的外交就無法成功。因而，不必爭著與任何國家結交，也不隨便培植他國的權威，多多施恩於自己的民眾、士卒，把兵刃指向敵國，那麼，敵國城池可拔，國都可毀。實行破格的獎賞，頒發非常的政令，驅使三軍部隊像使喚一個人一樣。授以任務，不說明意圖；告訴他有利的條件，不告訴他危險的一面。把士卒投入危亡境地，士卒才會拚死奮戰獲得生存，士卒陷於死地，必然捨命奮戰以求生。兵士們陷入危險境地，才能主動地奮力奪取勝利。領兵作戰這種事，就在於假裝順著敵人的意圖，我則集中精銳兵力指向敵人一處，哪怕奔襲千里也可斬殺敵將，這便是通常說的機智能成就大事。

是故政舉之日❶，夷關折符❷，無通其使，厲於廊廟之上❸，以誅其事❹。敵人開闔❺，必亟入之。先其所愛❻，微與之期❼。踐墨隨敵❽，以決戰事。是故始如處女，敵人開戶❾，後如脫兔，敵不及拒。

【注　釋】

❶政舉之日：決定實施戰爭的時候。政：軍政，這裡指戰爭。舉：實施，施行。❷夷關折符：封鎖關口，廢除通行憑證。夷：平也。《左傳》成公十六年：「將塞井夷灶而為行也。」這裡表封閉、封鎖。符：古代傳達命令，通信聯絡的信物，是用竹木或銅製成的牌子。上刻圖文，剖為兩半，主客方各執一半，使者所持與主方合，即「合符」，使者可信。❸厲於廊廟之上：於廊廟之上反覆分析、研究。厲：磨。這裡指反覆分析、研究。❹誅其事：決定這一大事。誅：治。這裡指決定、謀劃。❺開闔：開門，以喻可乘之隙。曹操注：「敵有間隙，當急入之也。」❻先其所愛：即「先奪其所愛」。❼微與之期：不要與敵人約期交戰。微：無。❽踐墨隨敵：實施作戰計劃要隨敵情變化而靈活處置。踐：實行，實施。墨：既定計劃。一說，「墨」指軍事原則，「踐墨隨敵」為運用軍事原則應根據敵情靈活變通。❾開戶：同「開闔」。這裡喻放鬆戒備，亦為呈可乘之隙。

【譯　文】

決定實施戰爭的時候，就封鎖關口，廢除通行憑證，停止與敵國的使節往來。在廟堂上反覆研討，制定戰爭計畫。敵人出現可乘之隙，一定馬上攻入，首先奪取敵人所心愛的部位，不要與敵約期決戰。執行作戰計畫一定要隨敵情變化而靈活處置，來爭取戰爭的勝利。因而，開始要像處女一般沈靜，使敵人放鬆戒備；然後突然發動攻擊，如同脫逃的兔子一般敏感，使敵人來不及抗拒。

卷十二 火攻篇

火攻篇

第十二

導讀

火攻，在火藥未發明的冷兵器時代，已成為戰爭中一種特殊而有效的進攻手段，雖是處於輔助進攻的手段，仍不失為重要的作戰方法之一。

隨著火藥的發明，火攻愈來愈在戰爭中顯示威力，以致取代冷兵器而成為統治地位的進攻手段。孫武在二千多年前火攻處於原始、萌芽狀態時，發現了火攻的重要作用，專闢一章論述。

雖然受當時火攻實踐水準所限，論述較為簡略，但已足見作者的重視，此舉不能不說是獨具慧眼的。本篇論述了火攻的種類、條件和實施方法，較早地在兵法上記述了古代軍事利用天文、氣象的可貴資料，這些記述也是對〈計篇〉「道、天、地、將、法」中「天」的條件內容的進一步闡發。

篇末強調了國君與將帥對戰爭要慎重從事，指出「主不可以怒而興師，將不可以慍而致戰」，這一思想在十三篇中是一脈相承的，尤與首篇首句相呼應。

在漢簡本中，〈火攻〉為末篇，此語可看作全書結束警語。這種重視戰爭而又慎重用戰的思想是極為可貴的，這一精闢論述已成為軍事科學上的至理名言。

孫子曰：凡火攻有五：一曰火人❶，二曰火積❷，三曰火輜，四曰火庫❸，五曰火隊❹。行火必有因❺，煙火必素具❻，發火有時，起火有日❼。時者，天之燥也；日者，月在箕、壁、翼、軫也❽。凡此四宿者，風起之日也。

【注釋】

❶火人：焚燒營柵、人馬。李筌曰：「焚其營，殺其士卒也。」杜牧曰：「焚其營柵，因燒兵士。」❷火積：焚燒積聚糧草。積：委積，見〈軍爭篇〉「軍無委積則亡」注。梅堯臣曰：「焚其委積，以困芻糧。」❸火庫：焚敵武庫。❹火隊：焚燒敵人運輸設施。隊：通「隧」，指道路。這裡泛指敵交通要道設施。❺行火必有因：實施火攻必須具備一定條件。因：條件。❻煙火必素具：發火器材必須平素準備好。曹操曰：「煙火，燒具也。」❼發火有時，起火有日：發動火攻要有一定天時，具體點火要有恰當日子。❽箕、壁、翼、軫：均為二十八星宿之一。上古時代，人們把自然看得很神祕，又由於農業生產的需要，於是特別重視觀測天象，二十八宿便是當時婦孺皆知的天文知識。箕為東方蒼龍七宿之一；壁為北方玄武七宿之一；翼、軫為南方朱雀七宿之二。古人通過長期觀察，月亮與這些星宿運行到一起的日子，一般多風，這可看作上古氣象資料。李筌曰：「《天文志》：月宿此者多風。」

【譯文】

孫子說：火攻有五種，一是焚敵營柵人馬，二是焚敵「委積」，三是焚敵輜重，四是焚敵武庫，五是焚敵交通要道設施。實施火攻需具備一定條件，點火器材必須平日準備好。發動火攻要依據一定天時，具體點火要有恰當日子。所謂天時，指氣候乾燥的時期；所謂恰當的日子，就是月亮運行到箕、壁、翼、軫四星所在位置的日子。大凡月亮運行到這四個星宿的日子，都是起風的日子。

凡火攻，必因五火之變而應之。火發於內，則早應之於外。火發兵靜者，待而勿攻；極其火力❶，可從而從之❷，不可從而止。火可發於外，無待於內，以時發之❸。火發上風，無攻下風。晝風久❹，夜風止。凡軍必知有五火之變，以數守之❺。

【注　釋】

❶極其火力：使其火力至極點，即火力最旺時。極，作使動詞。❷從：從攻，隨火而攻。❸時：時機，即「天之燥」，「月在箕壁翼軫」。❹晝風久：各本皆如是。劉寅《武經七書直解》引張賁說云：「久字，古從字之誤也。謂白晝遇風而發火，則當以兵從之；遇夜風而發火，則止而不從，恐彼有伏，反乘我也。」張賁之說甚是，如此，此節文字方順。原為「白天風刮久了，晚上風就停止」，甚覺突兀不順。譯文作「晝風從，夜風止。」❺以數守之：即按火攻應遵循的自然規律緊緊地把握住火攻的時機。數：規律，自然之理。

【譯　文】

大凡火攻，一定根據五種火攻所引起的情況變化採取相應的策應措施。從敵方內部放火，則早派兵在外策應。火已燒起敵兵仍鎮靜的，要等待觀察，不要急於進攻；待到火勢最旺時，可進攻就進攻，不可進攻就停止。火也可從外施放，不必等待內應，按準確的時機發火就行。火施放在上風，不要從下風進攻。白天發火以兵從攻，晚上發火不要從攻。大凡領導作戰一定要熟悉五種火攻所引起的情況變化，並根據火攻應遵循的自然規律緊緊把握住火攻的時機。

故以火佐攻者明，以水佐攻者強❶。水可以絕，不可以奪❷。

【注釋】

❶以火佐攻者明，以水佐攻者強：各家多以「明」「強」形容攻之效果，釋「明」為「明白」、「顯著」，一說「明」「強」當指施攻者，「明」為「高明」、「機敏」。並存之。譯文從後說。❷絕：隔絕。奪：剝奪。楊炳安《孫子會箋》按此句應作「火可以奪」，「不」、「火」古文形近易誤。於義較順，存之。

【譯文】

用火來輔助進攻者高明，以水來輔助進攻者強大。水可以阻隔敵人，但不如火攻那樣直接剝奪敵軍實力。

夫戰勝攻取而不修其功者凶❶，命曰費留❷。故曰：明主慮之，良將修之❸。非利不動，非得不用，非危不戰。主不可以怒而興師，將不可以慍而致戰。合於利而動，不合於利而止。怒可以復喜，慍可以復悅，亡國不可以復存，死者不可以復生。故明君慎之，良將警之，此安國全軍之道也。

【注　釋】

❶修其功：建立其功業。修：修治。功：功業。此句旨在強調不要只是一味求勝，更應講究戰勝攻取後的效果，要能因之建立某種功業，否則是白費力氣。各家多注「修其功」為獎賞有功。存之。❷費留：白費力氣，白費戰爭資財。曹操注：「若水之留，不復還也。」❸良將修之：謂良將應很好地研究這個問題。「修」與前句之「慮」，下文「良將警之」之「警」意近。

【譯　文】

仗打勝了，城攻取了，但不能因之建立功業、鞏固政權，那是危險的，這叫白費力氣。因此說，英明的君主應該好好考慮這個問題，賢良的將帥應該認真研究這個問題。不是於國有利就不要採取軍事行動，沒有必勝的把握就不要用兵，不是處於危險境地不要交戰。君主不可因為一時憤怒而發動戰爭，將領也不能因為一時惱火而命令作戰。合於國家長遠利益就行動，不合符國家長遠利益就停止。憤怒可以轉化為高興，惱火可以轉化為喜悅，但滅亡了的國家卻不可再存在，死掉的人也不可能再活過來。因而，明智的君主應愼重地對待這個問題，優良的將帥應該警惕這個問題，這是安定國家保全軍隊的根本原則啊！

卷十三用間篇

用間篇

第十三

導讀

本篇論述間諜的重要性、種類和使用方法，提出了先知「不可取於鬼神，不可象於事，不可驗於度，必取於人」的論點。

用間，是戰爭中的戰略偵察手段，孫武給予極高評價，極其重視，也闢專章論述，這是源於其「知彼知己，百戰不殆」的一貫思想。作者認為，彼方情實「不可取於鬼神，不可象於事，不可驗於度」，必取於「知敵之情」者，因而，應不惜爵祿百金而用間，否則為「不仁之至」。

孫武還強調用間要「微妙」、「聖智」，否則「不能得間之實」，並要注意選擇「上智」為間。這些，至今仍有借鑒意義。

孫子曰：凡興師十萬，出征千里，百姓之費，公家之奉❶，日費千金；內外騷動，怠於道路❷，不得操事者七十萬家❸。相守數年，以爭一日之勝，而愛爵祿百金❹，不知敵之情者，不仁之至也，非人之將也❺，非主之佐也❻，非勝之主也❼。故明君賢將，所以動而勝人，成功出於眾者，先知也。先知者，不可取於鬼神，不可象於事❽，不可驗於度❾，必取於人，知敵之情者也。

【注釋】

❶公家之奉：與「百姓之費」對言，指國家的開支。❷怠：疲憊。❸不得操事者七十萬家：春秋軍賦，甸出甲士步卒七十五人，甸六十四井，計五百七十六戶，徵甲士步卒十萬人，則計七十餘萬戶，此言整數。謂出兵十萬則有七十萬戶為之奔忙而不能一心耕作。❹愛：吝嗇。爵祿百金：爵位、俸祿、各種金玉寶器。此句與下句即謂由於吝嗇爵祿百金而不雇用間諜，以致不了解敵之內情。❺非人之將：漢簡作「非民之將」。言不配為軍隊之將領。❻非主之佐：言不配為君主的輔佐。❼非勝之主：言不是勝利的主宰者。❽象於事：以往事類比。象：類比。杜牧曰：「象者，類也。言不可以他事比類而求。」❾驗於度：用天命、因果輪迴等觀念去驗證。度：度數，同「歷數」，「運數」，「氣數」。這裡指以陰陽星相等推知未來的迷信手段。

【譯文】

孫子說：大凡出兵十萬，出征千里，百姓的耗費，公家的開支，每日耗資千金；國家內外動盪，人們疲憊地奔波於道路，不能安心從事耕作的達七十萬家。相持數年來爭奪一朝的勝利，卻因吝嗇爵祿金銀，不願使用間諜，以至不知敵方情實的人，是不懂仁愛到了極點啊！這種人，不配為軍中統帥，不配為君主的輔臣，也不是勝利的把握者。英明的君主、賢能的將帥，之所以動輒就能戰勝敵人，成功高於一般的人，就在於他們事先了解敵情。要事先了解敵情，不可從鬼神取得，不可從往事中去類比，也不能用氣數去應驗，一定只能從人的口中得知，這種人，就是了解敵情的人。

故用間有五：有因間❶，有內間，有反間，有死間，有生間。五間俱起，莫知其道❷，是謂神紀❸，人君之寶也。因間者，因其鄉人而用之。內間者，因其官人而用之。反間者，因其敵間而用之。死間者❹，為誑事於外，令吾間知之，而傳於敵間也。生間者，反報也。

【注釋】

❶因間：利用敵鄉人做間諜。十家注及《武經七書》本均作「因間」，劉寅《武經七書直解》謂作「鄉間」。又張預曰：「此五間之名，因間當為鄉間。故下文云：鄉間可得而使。」❷莫知其道：沒有誰知道其中底細。❸神紀：一說，為神妙之綱紀。梅堯臣曰：「五間俱起以間敵，而莫知我用之之道，是曰神妙之綱紀。」張預注：「茲乃神妙之綱紀。」又一說，楊炳安《孫子會箋》：「是謂神紀即是謂神矣，言此乃高明者也。」並存之。❹死間：大多注家以為：我故意洩露假情報，讓我間知道後傳給敵間或敵人，事發後則會被處死，故稱死間。按：若此，此間並非我之心腹，其情報竟不為我授，而為其自窺測。張預則認為：「欲使

敵人殺其賢能，乃令死士持虛偽以赴之，吾間至敵，為彼所得，彼以誑事為實，必俱殺之。」此說有理。所謂「令吾間知之」者乃令吾間知「為誑事」，下文明言「可使告敵」，並非間者自窺測而自以為實。此間乃「死士」，非不堅定分子被我借敵殺之。

【譯文】

使用間諜有五種：有因間、有內間、有反間、有死間、有生間。五種間諜一齊使用，沒有誰能知道其中奧祕，這便可稱為一條神妙的綱紀，是國君的法寶。所謂因間，就是利用敵國鄉人做為間諜；所謂內間，就是利用敵國朝內官員做間諜；所謂反間，就是利用敵方派來的間諜，使之反過來為我效力；所謂死間，就是故意在外散布假情況，讓我方間諜明白並有意識傳給敵間；所謂生間，就是能親自回來報告敵情的間諜。

故三軍之事❶，莫親於間，賞莫厚於間，事莫密於間。非聖智不能用間，非仁義不能使間，非微妙不能得間之實。微哉！微哉！無所不用間也。間事未發，而先聞者❷，間與所告者皆死。

【注釋】

❶事：當為「親」字之誤。漢簡、《通典》、《太平御覽》此句均為「親」字，且只有作「親」，於文意乃順。❷間事未發，而先聞者：謂我用間所謀之事未行而走漏了風聲的。先聞：事

未行而先被人知道。

【譯 文】

軍中的親信，沒有比間諜更親密的了；軍中的獎賞，沒有比間諜的獎賞更豐厚的了；軍中的機密事務，沒有比用間諜更為機密的了。不是英明睿智的人不能任用間諜；沒有仁義的德行不足以驅使間諜；沒有精微神妙的分析判斷能力不能得到真實的情報。微妙啊，微妙啊，無處不用間諜。用間所謀之事未行卻先被人知道，間諜以及他所告訴的人都要被處死。

凡軍之所欲擊，城之所欲攻，人之所欲殺，必先知其守將❶、左右❷、謁者❸、門者❹、舍人之姓名❺，令吾間必索知之，必索敵人之間來間我者，因而利之，導而舍之❻，故反間可得而用也；因是而知之，故鄉間、內間可得而使也；因是而知之，故死間為誑事，可使告敵；因是而知之，故生間可使如期❼。五間之事，主必知之，知之必在於反間，故反間不可不厚也。

【注 釋】

❶守將：鎮守之主將。❷左右：身邊的親信。❸謁者：古代負責傳達、通報的官員。《禮‧曲禮》鄭注：「謁者主賓客告請之事。」即接待賓客並向主官傳達報告的官員。❹門者：負責守門的官吏。❺舍人：門客幕僚。❻因而利之，導而舍之：趁機以重利收買，引導其為我所用，然後釋放他。一說「舍」為居止，稽留。❼使如期：如期返報。

【譯文】

凡是要攻擊某敵軍，奪取某城邑，斬殺敵方某重要人員，一定要事先了解敵方主管將帥、左右親信、傳達報告的官員、守門的官吏、門客幕僚諸人的姓名，命令我方間諜一定查探清楚。一定要查出敵方派來的間諜，獲得後以重金收買，誘導他為我所用，這樣，反間就可以得到使用了。從反間了解到情況，就能從敵方找到恰當人選，鄉間、內間就可得到使用了。從反間那裡了解了情況，死間就可散布假情報，並可讓他告訴敵人；由於從反間了解了情況，避開了危險，生間就可如期回報。五種間諜的情況，主君必須掌握，掌握這些情況的關鍵在於反間。所以反間的待遇不能不特別優厚。

昔殷之興也，伊摯在夏❶；周之興也，呂牙在殷❷。故惟明君賢將，能以上智為間者，必成大功。此兵之要，三軍之所恃而動也。

【注釋】

❶殷：殷代。西元前十七世紀，商湯滅了夏朝後建立的奴隸制國家，建都亳（今河南商

丘），史稱商代；後來商王盤庚遷都到殷（今河南安陽小屯村），因稱殷，亦稱殷商。夏：夏啟所建立的奴隸制王朝，建都安邑（今山西聞喜東南）、陽翟（今河南禹縣）等地，傳到桀，為商湯所滅。伊摯：即伊尹，一名阿衡。初為湯妻有莘氏的陪嫁奴隸，後為湯發現其才能，任以國政。湯滅夏前，伊尹曾去夏做過一段時間間諜，摸清夏的實情後，回湯之都亳。後佐湯滅夏。《史記‧殷本紀》：「伊尹名阿衡。阿衡欲奸湯而無由，乃為有莘氏媵臣……湯舉以國政。伊尹去湯適夏。既醜有夏，復歸於亳。」奸：干也，求也。❷周：西元前十一世紀，周武王滅商後建立的奴隸制王朝，建都鎬京（今陝西西安）。呂牙：即呂望、太公望、姜子牙。初見文王於羑里，在獻計使文王獲釋後，仍留於朝歌、孟津間「宰牛」、「市飯」，實為間諜。摸清討伐商紂王的必要情況後，接著便佐周文王、武王滅商（詳見戴樂志《姜太公考——史記‧齊太公世家探疑》，載《中華文史論叢》一九八〇年第三輯）。

【譯　文】

從前，殷代興起之際，伊摯在夏當間諜；周代興起之時，姜子牙在殷搜集情報。因此，明君賢將中，能任用有高超智謀的人為間諜者，一定能成就大的功業。這是用兵的要務，三軍就依靠著這些情報而決定行動啊！

附錄

附錄一

竹簡孫子兵法釋文

〔計〕

〔□□〕曰：兵者，國之大事也。死生之地，存亡之道，不可不察也。故輕(經)之以五，效之以計，以索其請(情)。一曰道，二曰天，三曰地，四曰將，五曰法。道者，令民與上同意者也，故可與之死，可與之生，民弗詭也。天者，陰陽、寒暑、時制也，順逆、兵勝也。地者，高下、廣陝(狹)、遠近、險易、死生也。將者，知(智)□……曲制、官道、主用也。凡此五者……孰能？天地孰得？法〔□□□□〕孰強？士卒孰練？賞罰孰明？吾以此知勝……用而視(示)之不用，近而視(示)之遠，〔遠〕而視(示)之近。利而誘之，亂而取之□〔□□□

□□〕□之，怒而譊（撓）之，攻其……少□□□無筭……

〔作戰〕

作戰❶

孫子曰：凡用兵之法，馳□千駟……里而饋饍（糧），則外內……車甲之奉，曰□□□內□……用戰，勝久則頓（鈍）……起，雖知（智）者，不能善其後矣。故……未有也。故不盡於知用兵……饍（糧）於敵〔□□〕食可足也。國之貧於師者，遠者遠輸則百姓貧；近市者貴□□□□則□及丘役。屈力中原，內虛於家。百〔□□〕費，十去其六……石。故殺適（敵）□……車戰……卒共而養之，是胃（謂）勝敵而益強。故……

【注　釋】

❶此是篇題，寫在簡背。

〔謀攻〕

……其下攻城，〔攻〕城之法，脩櫓……□□三月而止□距闉有（又）

三月然……戈(災)也。故善用兵者，詘(屈)人之兵而非戰〔□□□□□〕而非攻也，破人之國而非……天下，故……戰之……所以患軍……澄(既)疑，諸侯之……知可而戰與不可而戰，勝。知眾……以虞待不……故兵知皮(彼)知己，百戰不……

〔形〕

(甲)

刑(形)❶

孫子曰：昔善……適(敵)之可勝。不可勝在己，可勝在適(敵)。故善者……□使適(敵)可勝。故曰：勝可智(知)〔□〕不可為也。不可勝，守；可勝，攻也。守則有餘，攻則不足。昔善守者，臧(藏)九地之下，動九……眾人之所知，非善……曰善，非□□也。舉〔□□□□□〕力，視日月不為明目，聞雷霆不為蔥(聽)耳。所胃(謂)善者，勝易勝者也。故善者之戰，無奇〔□〕，無智名，無勇功，故其勝不貸(忒)。不〔貸(忒)〕者，……□□勝□後戰，敗〔□□□〕而後求勝。故善者脩道□□法，故能為勝敗正。法：一曰度，二曰量，三曰數，四曰稱，五曰勝。地……勝。勝兵如以洫(鎰)稱朱(銖)，敗兵如以朱(銖)稱洫(鎰)。稱勝者戰民也，如決積水於千邲(仞)……

(乙)

……□適(敵)之可勝。不可勝在己，可勝在適(敵)。故善者能為不可勝……也。守則有餘，攻則不足。昔善守者，臧(藏)九地之下，動九天之上，故……智(知)，非善者也。戰勝而天下曰善……易勝者也。故善〔□□□□〕奇勝，無智名，無〔□〕功，故其勝不貸(忒)。不貸(忒)者，其所錯〔□〕勝敗者也。善……敗正。法：一曰度，二曰量，三曰數，四……生勝。勝兵如以洫(鎰)稱朱(銖)，敗兵如以朱(銖)稱洫(鎰)。稱〔□〕者戰民也，如決積〔□□□〕邲(仞)之塛，刑(形)也。

【注釋】

❶此為篇題，寫在簡背。本篇殘簡，文字多有重複，可見不止一本。今根據書體風格整理為甲乙兩種寫本。

〔勢〕

埶（勢）❶

治眾如治寡，分數是。鬥眾……可使畢受適（數）而無敗，□正□〔□□□〕如以段（碫）……窮如天地，無謁（竭）如河海。冬（終）而復始，日月是……變不……之變，不可勝窮也。奇正環相生，如環之毋（無）端，孰能窮之？水之疾，至……可敗，亂生於治，脅（怯）生於恿（勇），弱生於強。治亂，數也；恿（勇）脅（怯），埶（勢）也；強〔□□〕也。善動適（敵）者，刑（形）之，適（敵）必從之；〔□□□□〕取之。以此動之，以卒侍（待）之。故善戰者，求之於埶（勢），弗責於……木石。木石之生（性），安則靜，危則動，方則……

【注釋】

❶此是篇題，寫在簡背。

〔實虛〕

實虛❶

先處戰地而侍（待）戰者失（佚），後處戰地而趨戰者勞。故善戰者，致人而不〔□□〕人。能使適（敵）〔□〕至者，利之也。能使適（敵）……能勞

之，飽能飢之者，出於其所必〔□□〕。□行千里而不畏，行無人之
地也。攻而必〔□□□〕所不守也。守而必固，守其所□〔□□□
□〕者，適(敵)不知所守；善守者，適(敵)不知□□……故能為適(敵)司
命。進不可迎者，衝〔□□□□〕可止者，遠……適(敵)不得不〔□
□□〕者，攻其所……之，適(敵)不得與我戰者，膠其所之也。故善將
者刑(形)人而無刑(形)〔□□〕槫而適(敵)分。我槫而為壹，適(敵)分而為
十，是以十擊壹也。我寡而適(敵)眾，能以寡擊□……地不可知，則
適(敵)之所備者多。所備者多，則所戰者寡矣。備前……者右寡，無
不備者無不寡。寡〔□□□□〕眾者，使人備己者也。知戰之日，
知戰之地，千里而戰。不〔□□〕日，不知戰之地，前不能救後，
後不能救前，左不能救〔□□〕不能救左，皇(況)遠者數十里，近者數
里□……□□勝戋(哉)？故曰：勝可擅也。適(敵)唯(雖)眾，可毋斲(鬥)
也。故績之而知動□……死生之地，計之〔□□〕得失之□，□之〔□
□〕餘不足之□。刑(形)兵之極，至於無刑(形)，〔無刑(形)〕，則深間弗
能規(窺)也，知(智)者弗能謀也。因刑(形)而錯勝□……制刑(形)。所以
勝者不……兵刑(形)象水，水行辟(避)高而走下，兵勝辟(避)實擊虛。故
水因地而制行，兵因敵而制勝。兵無成埶(勢)，無恆刑(形)，能與敵化

之胃(謂)神。五行無恆勝，四時〔□〕常立(位)，日有短長，月有死生。神要❷

【注釋】

❶此是篇題，寫在簡背。《孫子》篇題木牘有〈實□〉，應即〈實虛〉。

❷神要二字上有圓點，疑是本篇之別名。也可能為讀者所記，表示此篇重要。

〔軍爭〕❶

以□為直，以患……而誘之〔□□〕後人發，先人至者，知汙(迂)直之計者也。軍爭為利，軍事〔□〕危。舉軍而爭利則□不及，委軍而〔□〕利則輜重捐。是故絭(卷)甲……□十一以至；五十里而爭利，則厥(蹶)上將，法以半至；……軍毋(無)輜重〔□□〕糧食則亡，無委責(積)則亡。是故不知諸侯之謀者，不……能行軍，不□鄉(向)道(導)……分利，縣(懸)權而動。先知汙(迂)直之道者〔□〕軍爭之法也。是故軍……鼓金。視不相見，故為旌旗。是故晝戰多旌旗，夜戰多鼓金。〔鼓金〕旌旗者，·所以壹民之耳目也。民灋(既)已槫(專)……將軍可奪心□。……用兵者，辟(避)其兑(鋭)氣……勞，以飽待(待)飢，此治力者也。毋要⿸疒縣⿸疒縣之旗，毋擊堂堂之陳(陣)，此治變者……倍(背)丘勿迎，詳(佯)北勿從，圍師遺闕，歸師勿謁(遏)，此用眾之法也。

四百六十五❷

【注釋】

❶《孫子》篇題木牘有〈軍□〉，應即〈軍爭〉。

❷此數字寫在篇末正文之下，標明全篇字數。

〈九變〉

……地則戰，……攻，地有所不爭，□……能得地……利，故務可信；雜於害，故憂患可……將有五〔□□□□〕殺。必生，……潔廉，可辱。愛民，可……危，不可不察也。

〈行軍〉❶

……處高，戰降毋登，……此處水上之軍……交軍沂澤之中，依……死後生，此處□……凡四軍之利，黃帝之……無百疾，陵丘堤□處其陽，而右倍(背)之。此兵之利，地之助也。上雨水，水流至，止涉侍（待）其定□□□天井、天窖、天離，天翘、天郄，必亟去之，勿□□□遠之，敵近之。吾……□箪（葦）、小林、翳澮（薈）可伏匿者，謹復索之，奸之所處也。敵近而□者，持其險也。敵遠□……進者，其所居者易……軍者也。□庳（卑）而備益者，進也。辭強而□毆（驅）者，退也。輕車先出居廁（側）者□□□□請和者，謀也。奔走陳兵者，期也。半進者，誘也。杖而立者，飢也。汲役先歙（飲）……而不進者，勞拳（倦）也。烏□者，虛也，夜嘑者，恐也，軍獿（擾）者，將不重也。……幽（甀）者不反（返）其舍者，窮寇也。□□閒閒□言人者，失其衆者也。數賞者，窘也。數罰者……相去也，必謹察此。兵非多益，毋……而罰之，則不服，不服則難用也。卒已槫親而罰不行，則不用。故合之以交，濟之以……行，以教其民者，民服。素……

【注釋】

❶《孫子》篇題木牘有〈行□〉，應即〈行軍〉。

〔地形〕❶

【注釋】

❶《孫子》篇題木牘上有〈□形〉一題，位置在〈九地〉之前，應即本篇篇題，但未發現此篇簡文。

〔九地〕❶

……輕地，有爭地，有交地，有瞿(衢)地，有重地，有泛地，□圍地，有死地。諸侯戰……而得天□之眾者，為矍(衢)。入人之地深，倍(背)城邑多者，為重。行山林、沮澤，凡難行之道者，為□……□寡可〔□□〕吾眾者，為圍。疾則存，不疾則亡者，為死。是故散〔□□□□〕輕地則毋止，爭……則行，圍地則謀，死地則戰。所胃(謂)古善戰者，能使適(敵)人前後不相及也。……適(敵)眾以正(整)將來，侍(待)之……聽〔□□〕之請(情)主數(速)也，乘人之不給也……食；謹養而勿勞，並……謀，為不可賊(測)。投之毋(無)所往，死且不北，死焉……無所往則……所往則鬥。是故不調而戒，不……非惡貨也；無餘死，非惡壽也。令發〔□□〕士坐者涕□□，臥〔□□□□〕投之無所往者，諸、歲之勇也。故善用軍者，辟(譬)如衛然，衛然者，恆山之……擊其尾則首至，擊其中身則首尾俱至。敢問□可使若衛然虖

（乎）？曰：可。越人與吳人相惡也，當其同周（舟）而濟也，相救若□……齊勇若一……□已也。將軍之事……之耳目，使無之。易其事〔□□□〕使民無識。易其□，于（迂）其□，使民不得……入諸侯之地，發其幾（機），若敺（驅）群……變，詘（屈）信（伸）之利，人請（情）之理，不可不察也。凡為〔□□□〕槫，淺則散。□國越竟（境）而師者，絕地也。四徹（徹）者，矍（衢）地也。……者，輕地也。倍（背）固前□〔□□□□〕倍（背）固前適（敵）者，死地也。毋（無）所往者，窮地也。〔□□□〕散地，吾將壹其志；輕地，吾將使之僂；爭地，吾將使不留；交地也，吾將固其結；矍（衢）地也，吾將謹其恃；〔□〕地也，吾將趣其後；泛地也，吾將進其□；圍地也，吾將塞……□侯之請（情）：遝則御，不得已則鬥，過則從。……利。四五者，一不智（知），非王霸之兵也。彼王霸之兵，伐大國則其眾不……則其交不□合。是故不……可拔也，城可隋（隳）也。無法之賞，無正之令，犯三……以害。勿告以利，芋之亡地然而後存，陷……於害，然後能為敗為……□□將，此胃（謂）巧事。是故正（政）與（舉）□……其使，厲於郎（廊）上，以誅其事。適（敵）人開闔，必亟入之。先其所愛，徵（微）與……決戰事。是故始如處……

【注 釋】

❶此篇題見於《孫子》篇題木牘。

〔火攻〕

火攻❶

孫子曰：凡攻火有五：一曰火人，二曰火漬(積)，三曰火輜，四曰火庫，五曰火〔□□〕火有因，因必素具。發火有時，起火有日。時者，天……四者，風之起日也。火發□……火發其兵靜而勿攻，極其火央，可從而從〔□□□□□〕止之。火可發於外，毋寺(待)於內，以時發之。火□上風，毋攻……數守之。故以火佐攻者明，以水佐攻者強。水可……得，不隋其攻者，凶，命之曰費留。故曰：明主慮之，良將隨之。非利〔□□□□〕不用，非危不戰。主不可以怒興軍，將不可以溫(慍)戰。合乎利而用，不合而止。怒可復喜也，溫(慍)可復……

【注 釋】

❶此是篇題，寫在簡背。《孫子》篇題木牘有此篇篇題，但「火」下一字似非「攻」字，疑是

此篇異名。

〔用間〕❶

孫子曰：凡……里，百生(姓)之費，□……知適(敵)之請(情)者，不仁之至也，非民之將也，非主〔□□□□□〕之注(主)也。故……不可驗於度，必取於人知者。故用間……反間，有死間，有生間……神紀，人君之葆(寶)也。生間者，反報……鄉人而用者。內間者，因……三軍之親，莫親於間，賞莫厚於間，事……非仁不能使……之葆。密𢦏(哉)密𢦏(哉)，毋(無)所不用間〔□□〕事未發，聞間□……用也。因是而知之，故鄉間，內間可得而使也。……五間之事，必知之，……可不厚也。□……在夏。周之興也，呂牙在□〔□□□□〕□倅師比在陘。燕之興也，蘇秦在齊。唯明主賢……

【注　釋】

❶此篇題見於《孫子》篇題木牘。

附錄二

孫子兵法佚文釋文

〔吳問〕

吳問❶

吳王問孫子曰：「六將軍分守晉國之地，孰先亡？孰固成？」孫子曰：「范、中行是(氏)先亡。」「孰為之次？」「智是(氏)為次。」「孰為之次？」「韓、巍(魏)為次。趙毋失其故法，晉國歸焉。」吳王曰：「其說可得聞乎？」孫子曰：「可。范、中行是(氏)制田，以八十步為婉(畹)，以百六十步為畇(畝)，而伍稅之。其□田陜(狹)❷，置士多，伍稅之，公家富。公家富，置士多。主喬(驕)臣奢，冀功數戰，故曰先〔亡〕。……公家富，置士多，主喬(驕)臣奢❸，冀功數戰，故為范、中行是

〔氏〕次。韓、巍（魏）制田，以百步為婉（畹），以二百步為畛（畝），而伍稅〔之〕。其□田陝（狹），其置士多。伍稅之，公家富。公家富，置士多，主喬（驕）臣奢，冀功數戰，故為智是（氏）次。趙是（氏）制田，以百廿步為婉（畹），以二百卅步為畛（畝），公無稅焉。公家貧，其置士少，主僉臣收，以御富民，故曰固國❹。晉國歸焉。」吳王曰：「善。王者之道，□□❺愛厚其民者也。」 二百八十四

【注釋】

❶此是篇題，寫在簡背。

❷「田」上一字，據殘劃推測，似是「割」字。割田猶言制田。

❸本篇除此簡殘存十字外，他簡皆完整。據篇末所記字數，本篇共二百八十四字。現存字數，計重文為二百五十五字，不計重文為二百四十九字。故此簡缺文當為二十九字或三十五字。其左右相鄰四簡每簡均為三十九字，似此簡所缺字數當以二十九字為宜。此段缺文，除首一字當為「亡」字，屬前一句外，其餘二十八字，似可據上下文補為：「智是（氏）制田，以九十步為婉（畹），以百八十步為畛（畝），其□田陝（狹），其置士多，伍稅之。」本篇補足此二十八字後，前後文字連貫，當無缺簡。

❹「國」上一字，「□」內筆畫不可辨，參照上下文義，定為「固」字。「固國」之語見於《國語・晉語》：「夫固國者，在親眾而善鄰，在因民而順之。」

❺此二字不清，從殘存字迹看，疑是「宜以」二字。

〔四變〕

……〔徐（途）有所不由，軍有所不擊〕，城有所不攻，地有所不爭，君令有〔所不行〕。

徐（途）之所不由者，曰：淺入則前事不信，深入則後利不椄（接）。動則不利，立則囚。如此者，弗由也。

軍之所不毄（擊）者，曰：兩軍交和而舍，計吾力足以破其軍，獾其將。遠計❶之，有奇埶（勢）巧權於它，而軍……□將。如此者，軍唯（雖）可毄（擊），弗毄（擊）也。

城之所不攻者，曰：計吾力足以拔之，拔之而不及利於前，得之而後弗能守。若力〔□〕之，城必不取。及於前，利得而城自降，利不得而不為害於後。若此者，城唯（雖）可攻，弗攻也。

地之所不爭者，曰：山谷水□無能生者，□□□而□□……虛。如此者，弗爭也。

君令有所不行者，吾令有反此四變者，則弗行也。……行也。事……變者，則智（知）用兵矣。

【注釋】

❶此字左半已殘，據文義定為「計」字。

〔黃帝伐赤帝〕

黃帝伐赤帝❶

孫子曰：〔黃帝南伐赤帝，至於□□〕，戰於反山之原，右陰，順術，倍（背）衝，大威（滅）有之。〔□年〕休民，□穀，赦罪。東伐□帝，至於襄平，戰於平□，〔右陰〕，順術，倍（背）衝，大威（滅）〔有之。□〕年休民，□穀，赦罪。北伐黑帝，至於武隧，〔戰於□□〕，右陰，順術，倍衝，大威有之。□年休民，□穀，赦罪〕。西伐白帝，至於武剛，戰於〔□□〕，右陰，順術，倍衝，大威有〕之。已勝四帝，大有天下，暴者……以利天下，天下四面歸之。湯之伐桀也，〔至於□□〕，戰於薄田，右陰，順術，倍（背）衝，大威（滅）有之。武王之伐〔紂〕至於蕧遂，戰牧之野，右陰，順術，〔倍衝，大威〕有之。一帝二王皆得天之道、□之□、民之請（情），故……

【注釋】

❶此是篇題，寫在簡背。

〔地形二〕

〔地〕刑二❶

〔□〕地刑（形）東方為左，西方為〔右〕……

……首，地平用左，軍……

……地也。交□水□……

……者，死地也。產草者□……

……地剛者，毋□□□也□……

……〔天〕離、天井、天宛□……

……是胃（謂）重利。前之，是胃（謂）猒守。右之，是胃（謂）天固。左之，是胃（謂）……

……所居高曰建堂，□日□〔□〕□遂左水曰利，右水曰積……

……□五月度□地，七月□……

……三軍出陳（陣），不問朝夕，右負丘陵，左前水澤，順者……

……九地之法，人請（情）之里（理），不可不□……

【注釋】

❶此是篇題，寫在簡背。此簡上端殘缺。據正文首句「地刑東方為左，西方為〔右〕」，簡背篇題「刑」上當殘去一「地」字。〈地形二〉疑為《孫子》中〈地形〉篇以外另一篇論地形的文字。此篇各殘簡據書體及內容編入，因殘斷情況嚴重，先後次序已不可知。

〔見吳王〕❶

……□於孫子之館，曰：「不穀好……兵者與(歟)？」孫……乎？不穀之好兵□□□□之□□□也，適之好之也。」孫子曰：「兵，利也，非好也。兵，□〔也〕，非戲也。君王以好與戲問之，外臣不敢對。」蓋(闔)廬曰：「不穀未聞道也，不敢趣之利與……□孫子曰：「唯君王之所欲，以貴者可也，賤者可也，婦人可也。試男於右，試女於左，□□□□……曰：「不穀顚(願)以婦人。」孫子曰：「婦人多所不忍，臣請代……畏，有何悔乎？」孫子曰：「然則請得宮□□……之國左後璽圍之中，以為二陳(陣)□□……□曰：「陳(陣)未成，不足見也。及已成……□也。君王居台上而侍(待)之，臣……□至日中請令……陳(陣)已成矣，□□聽……□不□不難。」君曰：「若(諾)。」孫子以其御為……參乘與輿司空，告其御、參乘曰：「□□……□婦人而告之曰：『知女(汝)右手？』……之。」「知女(汝)心？」曰：「知之。」「知女

（汝）北（背）？」曰：「知之。」「……左手。胃（謂）女（汝）前，從女（汝）心。胃（謂）女（汝）……人生也，若夫發令而從不聽者誅□□……□不從令者也。七周而澤（釋）之，鼓而前之……〔三告而〕五申之，鼓而前之，婦人亂而〔□□□〕金而坐之，有（又）三告而五申之，鼓而前之，婦人亂而笑。三告而五申者三矣，而令猷（猶）不行。孫子乃召其司馬與輿司「空」而告之曰。「兵法曰：弗令弗聞，君將之罪也；已令已申，卒長之罪也。兵法曰：賞善始賤，罰……□請謝之。」孫子曰：「君□……引而員（圓）之，員（圓）中規；引而方之，方中巨（矩）。……蓋（闔）廬六日不自□□□□□……□□□□孫子再拜而起曰：「道得矣。……□□□長遠近習此教也，以為恒命。此素教也，將之道也。民……□莫貴於威。威行於眾，嚴行於吏，三軍信其將畏（威）者，乘其適（敵）。」千□

十五

……而用之，□□□得矣。若□十三扁（篇）所……

……〔十〕三扁（篇）所明道言功也，誠將聞□……

……□而試之□得□……

……〔孫〕子曰：「古（姑）試之，得而用之，無不□……

……□□□之孫子曰：「外內貴賤得矣。」孫……

……□不穀請學之。」為終食而□……

……將軍□不穀不敢不□……

……□也。請合之於□□□之於……

……者□□也。孫子……

……孫子曰：□……

……孫子……

【注釋】

❶此篇內容與《史記・孫子吳起列傳》記孫武見吳王闔廬，以兵法試諸婦人之事大致相同。從文體看，似非竹書《孫子》本文，疑是書後的附錄。本篇竹簡殘斷情況嚴重，前後順序很難確定，今參考《史記》文字加以排比，有些地方可能與實際情況有出入。又本篇中孫子及吳王的話往往缺去開頭或結尾，釋文碰到這種情況就只標下引號或只標上引號。

國家圖書館出版品預行編目資料

孫子／孫武作；周亨祥譯注. --三版. --臺北
市：五南圖書出版股份有限公司，2015.04
面； 公分
ISBN 978-957-11-7988-9（平裝）

1.孫子兵法 2.注釋

592.092 104000144

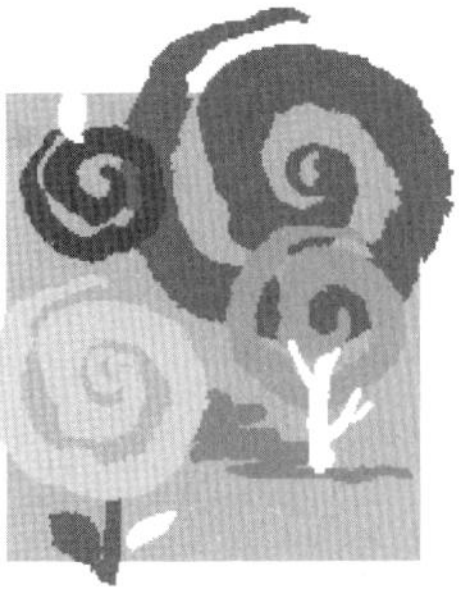

中國經典 19

8R17

孫子

原　　著— 孫武
譯　　注— 周亨祥
發 行 人— 楊榮川
總 經 理— 楊士清
總 編 輯— 楊秀麗
副總編輯— 蘇美嬌
責任編輯— 邱紫綾
封面設計— 童安安
出 版 者— 五南圖書出版股份有限公司
地　　址：106臺北市大安區和平東路二段339號4樓
電　　話：(02)2705-5066　　傳　　真：(02)2706-6100
網　　址：https://www.wunan.com.tw
電子郵件：wunan@wunan.com.tw
劃撥帳號：01068953
戶　　名：五南圖書出版股份有限公司
法律顧問 林勝安律師
出版日期 2004年9月初版一刷
2009年11月二版一刷
2015年4月三版一刷
2023年10月三版八刷
定　　價 新臺幣250元

本書中文繁體字版由貴州人民出版社授權，五南圖書出版股份有限公司在台灣出版發行，本書原版由貴州人民出版社出版。

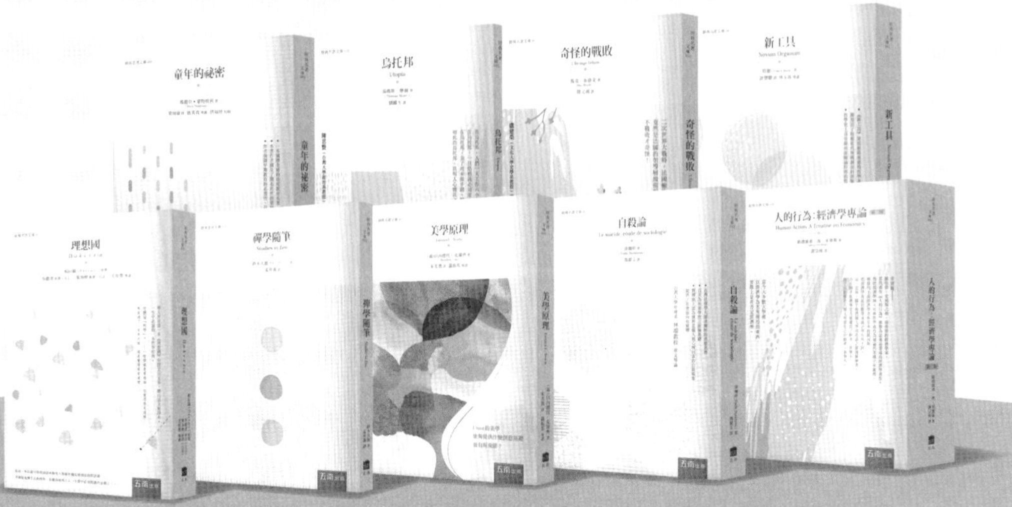